Robotic Process Automation (RPA)
in der Finanzwirtschaft

Mario Smeets • Ralph Erhard
Thomas Kaußler

Robotic Process Automation (RPA) in der Finanzwirtschaft

Technologie – Implementierung – Erfolgsfaktoren für Entscheider und Anwender

2. Auflage

 Springer Gabler

Mario Smeets
Düsseldorf, Deutschland

Ralph Erhard
Düsseldorf, Deutschland

Thomas Kaußler
Düsseldorf, Deutschland

ISBN 978-3-658-42289-9   ISBN 978-3-658-42290-5 (eBook)
https://doi.org/10.1007/978-3-658-42290-5

Die Deutsche Nationalbibliothek verzeichnet diese Publikation in der Deutschen Nationalbibliografie; detaillierte bibliografische Daten sind im Internet über https://portal.dnb.de abrufbar.

Planung/Lektorat: Vivien Bender
Springer Gabler ist ein Imprint der eingetragenen Gesellschaft Springer Fachmedien Wiesbaden GmbH und ist ein Teil von Springer Nature.
Die Anschrift der Gesellschaft ist: Abraham-Lincoln-Str. 46, 65189 Wiesbaden, Germany

Das Papier dieses Produkts ist recyclebar.

Inhaltsverzeichnis

Über die Autoren

Mario Smeets Mario Smeets ist geschäftsführender Partner der Eraneos Automation. Seine Schwerpunkte liegen im Prozessmanagement und in der Prozessautomatisierung. Er verantwortet diese Themen und zugehörige Projekte für weltweit tätige Kunden in allen Branchen, mit einem Schwerpunkt in der Finanzindustrie. Der Autor ist Master of Business Administration mit Schwerpunkt Management of Financial Institutions und Master of Science der Wirtschaftswissenschaft.

Thomas Kaußler Thomas Kaußler ist Gründer und Partner der DCP Deutsche Consulting Partner, künftig Eraneos, und ist spezialisiert auf die Beratung im Segment Financial Services bei Banken, Versicherungen, Dienstleistern und Systemanbietern im Kapitalmarktgeschäft. Seine Schwerpunkte liegen in Einführungs- und Migrationsprojekten sowie in der Optimierung von Organisationsstrukturen und Prozessen inklusive der operativen Umsetzung und Ausgestaltung von Geschäftsmodellen und (IT-)Managementprozessen. Der Autor ist diplomierter Wirtschaftsingenieur.

Ralph U. Erhard Ralph Erhard ist Gründer und Partner der DCP Deutsche Consulting Partner, künftig Eraneos. Seine Beratungsschwerpunkte für Banken und Versicherer liegen in strategischen Fragestellungen, in der Weiterentwicklung von Geschäftsmodellen, der Organisationsberatung sowie der Umsetzung und Begleitung von (IT-)Implementierungen. Der Autor ist diplomierter Wirtschaftsingenieur und Master of Science mit Schwerpunkt Industrial Engineering

Einleitung

1

Zusammenfassung

Kap. 1 bietet eine erste Einführung in das Thema „RPA in der Finanzwirtschaft". Neben einer überblicksartigen Zusammenfassung der Buchinhalte und seiner Gliederung, wird der aktuelle Stand der Forschung im Bereich von RPA dargestellt.

1.1 Einführung

Jeder von uns kennt sie: Zeitintensive Prozesse, die von anderen oft wichtigeren Tätigkeiten abhalten und dabei vollkommen regelbasiert, nach starren Mustern ablaufen. Die Pflege von Tabellenkalkulationen, der Datenübertrag von der einen in die andere Anwendung oder das Prüfen von Systemeingaben anhand langer Listen. In Finanzinstituten meist im Backoffice, aber auch im IT- oder Controlling-Bereich und im Rechnungswesen zu finden. Eine Automatisierung solcher Tätigkeiten würde Beschäftigten Freiraum für andere, komplexere Tätigkeiten schaffen. Oftmals übersteigen die Kosten für eine Automatisierung durch Schnittstellenschaffung und (Um-)Programmierung der Anwendungen deren mögliche Nutzeneffekte oder sind schlichtweg technisch nicht umsetzbar.

Eine Alternative bietet Robotic Process Automation (RPA). Mit dieser Softwarelösung lassen sich Anwendungen automatisieren, ohne in Programmcodes eingreifen oder Schnittstellen schaffen zu müssen. RPA ist eine Technologie, die weder alt noch neu ist, aber vor allem in der Finanzwirtschaft derzeit enorme Aufmerksamkeit genießt. Namhafte Beratungshäuser und Marktforscher versprechen ein weiter anhaltendes Wachstum des RPA-Markts in den kommenden Jahren. Zunächst der Blick zurück: Im Jahr 2019 sollten laut einer 2017 durchgeführten Studie der Information Services Group (ISG) bereits 72 %

aller befragten Unternehmen[1] RPA einsetzen – im Livebetrieb oder zumindest innerhalb von Pilotprojekten (vgl. Otto & Longo, 2017). Auch andere Studien in diesem Zeitraum nennen Werte um 70 % (vgl. beispielsweise Ostrowicz, 2017). Aktuellere Aussagen des Marktforschers Gartner legen nahe, dass die damaligen Prognosen realistisch waren. So geht Gartner (2020) davon aus, dass – auch verstärkt durch die Corona-Pandemie und deren weiteren Antrieb zur Digitalisierung – im Jahr 2022 weltweit 90 % aller Unternehmen RPA nutzen. Ein ambitioniertes Ziel – die endgültige Validierung bleibt abzuwarten.

Auch hinsichtlich der RPA-Marktgröße wird zunächst ein Abgleich von Soll und Ist vorgenommen: Dickgreber et al. (2018) gingen für das Jahr 2020 von einer weltweiten Größe des RPA-Marktes in Höhe von fünf Milliarden US-Dollar aus. Dies entspricht einem jährlichen Wachstum seit 2012 in Höhe von 56 % – welches in den letzten Jahren sogar kontinuierlich weiter zunimmt. 2022 beträgt das Volumen bereits rund zehn Milliarden US-Dollar (vgl. Fortune, 2023). Entsprechende Wachstumsprognosen scheinen eingetreten zu sein.

Bis 2030 soll der Markt weiter auf mehr als 50 Mrd. US-Dollar anwachsen, das entspricht einer jährlichen Wachstumsrate (CAGR) in Höhe von ca. 20 % (vgl. Fortune, 2023).

Bornet et al. (2020) gehen davon aus, dass ca. 42 % der täglichen Arbeitsaufgaben – branchenübergreifend – automatisiert werden können.[2] Das McKinsey Global Institute sprach bereits 2017 der weltweiten Finanzwirtschaft ein (aggregiertes) technisches Automatisierungspotenzial von 43 % zu (vgl. McKinsey Global Institute, 2017, S. 7). Ob hiermit konkrete Prozesse oder einzelne Tätigkeiten gemeint sind, geht aus dieser stark aggregierten Zahl nicht hervor. Dennoch ist die Kernaussage eindeutig: Die Finanzwirtschaft besitzt enormes Potenzial zur Effizienzsteigerung und Kosteneinsparung durch Automatisierung, von denen sich ein Großteil mit RPA heben lässt.

In der DACH-Region setzen mittlerweile rund drei Viertel der Unternehmen RPA ein (nicht nur in Großunternehmen, auch im Mittelstand), rund 60 % haben mindestens fünf automatisierte Prozesse in Betrieb (vgl. IDG, 2021). Berichtete Lamberton (2017) noch, dass rund 30 bis 50 % der von seinen Kunden durchgeführten RPA-Projekte fehlschlagen, stehen heute andere Herausforderungen im Fokus der RPA-Nutzer: Die Prozessanpassung (40 %) und die Sicherstellung eines Produktivbetriebs (33 %) werden als größte Herausforderungen genannt (vgl. IDG, 2021). Zu den Herausforderungen rund um die Automatisierung der Prozesse mit RPA selbst kommt hinzu, dass sich die Technologie selbst weiterentwickelt und durch die Ergänzung von Komponenten, die künstliche Intelligenz nutzen (Machine, Learning, Optical Character Recognition, etc.), immer größere Automatisierungspotenziale bietet – aber auch komplexer wird (vgl. auch bspw. Bornet et al., 2020).

---

[1] Unternehmen in Deutschland, Österreich und der Schweiz.

[2] Die Autoren unterstellen hier intelligente Automatisierung, d. h. neben RPA kommen weitere Technologien zum Einsatz, die insbesondere Komponenten künstlicher Intelligenz verwenden. Hier stehen zudem solche Tätigkeiten im Vordergrund, die klassischerweise im Büro durchgeführt werden, also bspw. administrative Tätigkeiten.

Es besteht entsprechender Handlungsbedarf, um RPA in der eigenen Organisation umsetzen und die Potenziale dieser Technologie ausschöpfen zu können. Hierfür ist es erforderlich, die Technologie zu verstehen, einordnen zu können und ihre relevanten Einsatzbereiche zu kennen. Zusätzlich sollte ein Überblick über Unterstützungsmöglichkeiten durch externe Fachleute vorhanden sein. Das vorliegende Buch unterstützt hierbei. Zusätzlich bietet es seinen Leserinnen und Lesern die Möglichkeit, eine eigene Antwort auf die Frage zu finden, ob es sich bei RPA nur um einen Hype oder doch um eine langfristig erfolgsversprechende Technologie handelt.

Das Buch führt als eine Art Leitfaden durch ein vollständiges RPA-Implementierungsprojekt hindurch. Hiermit ist es möglich, die RPA-(Erst-)Implementierung in der eigenen Organisation durchzuführen. Der Anspruch liegt weniger in einer detaillierten Erläuterung technischer Hintergründe von RPA. Genauso liegt der Fokus nicht auf Leitlinien und Empfehlungen für RPA-Entwickler. Das Werk richtet sich vielmehr an künftige, oder aber bereits erfahrene Anwender von RPA und an alle, die sich für die Technologie interessieren. Prozess- und Technologie-Verantwortliche auf allen Hierarchieebenen der IT- und Organisationsbereiche, genauso aber auch Anwender und Verantwortliche in den Fachbereichen – grundsätzlich branchenübergreifend, auch wenn hier ein Schwerpunkt auf die Finanzwirtschaft gelegt wird.

Gliederung Zunächst erfolgt in Kap. 2 die Definition des hier verwendeten Verständnisses von RPA. Hierzu wird RPA von anderen, teils ähnlichen Technologien abgegrenzt. Es folgt ein tiefergehender Einblick in die technischen Eigenschaften von RPA, bevor die Nutzenpotenziale der Technologie umfassend diskutiert werden. Das Kap. 2 schließt mit der Einordnung der Technologie in den Kontext des Prozessmanagements und der (Prozess-)Digitalisierung ab.

Kap. 3 liefert einen Überblick über mögliche Anwendungsbereiche von RPA – branchenübergreifend sowie bezogen auf die Finanzwirtschaft. Hieraus werden die (allgemeinen) technischen Auswahlkriterien für automatisierungsfähige Prozesse abgeleitet. Abschließend erfolgt eine beispielhafte Auswahl möglicher konkreter Anwendungsfälle in der Finanzwirtschaft.

Kap. 4 beschäftigt sich mit dem RPA-Markt. Hierzu wird ein Überblick geschaffen, der ein Gefühl für die aktuelle Entwicklung des RPA-Marktes ermöglicht. Nach einer – an dieser Stelle nur kurzen – Thematisierung der richtigen Auswahl eines Softwareanbieters, werden mögliche Unterstützungsleistungen durch RPA-Berater und -Implementierungspartner umfassend diskutiert.

Kap. 5 erläutert das (projekthafte) Vorgehen bei der Implementierung von RPA. Der Fokus liegt dabei auf Themen, die bei der erstmaligen Einführung von RPA relevant sind. Andere Aspekte gelten aber auch erst oder gerade bei Folgeimplementierungen. Das Kapitel lässt sich als eine Art Leitfaden bei der Implementierung von RPA in der eigenen Organisation verwenden. Viele vorher schon skizzierten Themen werden hierin aufgegriffen und vertieft – zum Beispiel die Auswahl der richtigen RPA-Software und der geeigneten RPA-Prozesse.

Mit der RPA-Governance behandelt Kap. 6 ein bislang in der einschlägigen Literatur nur selten betrachtetes, gleichzeitig aber hoch relevantes Thema; insbesondere, wenn es um den langfristigen Betrieb von RPA geht. Neben Inhalten einer RPA-Governance und der Vorgehensweise bei ihrer Einführung innerhalb einer Organisation, liegt ein weiterer thematischer Schwerpunkt im Aufbau der sogenannten RPA-Unit – der Eingliederung von RPA in den Linienbetrieb.

Kap. 7 fasst die wichtigsten Faktoren einer erfolgreichen RPA-Einführung und -Nutzung zusammen und ergänzt diese um weitere relevante Bestandteile.

Kap. 8 zeigt anhand eines Praxisbeispiels, wie RPA in Einmalsituationen – also auch in einem nicht langfristig geplanten Einsatz – Mehrwerte liefern kann.

Mit einem Blick in die (nahe) Zukunft schließt Kap. 9 das Buch ab. Hierbei werden zwei unterschiedliche Entwicklungsrichtungen thematisiert: Zum einen die vielfältigen Kombinationsmöglichkeiten von RPA mit anderen Technologien. Zum anderen die Weiterentwicklung der RPA-Technologie selbst.

Beitrag zum wissenschaftlichen Diskurs RPA ist eine noch junge Technologie. Zusätzlich ist RPA eines von vielen Werkzeugen des Prozessmanagements (vgl. Abschn. 2.4), auch wenn es zurzeit – gerade in der Finanzwirtschaft – eine besondere Aufmerksamkeit genießt. Die Anzahl bereits vorhandener wissenschaftlicher Literatur sowie die Anzahl belastbarer wissenschaftlicher Studien ist hierdurch (immer noch) verhältnismäßig gering, wenngleich gegenüber dem Zeitpunkt der Erstauflage des Werkes weitere relevante Forschung hinzugekommen ist. Einen Überblick liefert Abschn. 1.2. Wenngleich das vorliegende Werk Praktiker in der Nutzung von RPA unterstützen soll, so ist es auch erklärte Zielsetzung, einen späteren wissenschaftlichen Diskurs in seinen Grundzügen vorzubereiten. Hierfür wurden im Rahmen der Entstehung dieses Werkes zunächst Aussagen aus dokumentierten wissenschaftlichen Untersuchungen oder aber Praxisberichten ausgewertet und anschließend durch Experteninterviews validiert. Zusätzlich wurden diese Experteninterviews verwendet, um mittels offen gehaltener Fragestellungen mögliche künftige Forschungsfelder im Bereich RPA zu erschließen. Abschn. 10.1 erläutert die Vorgehensweise detailliert. Die Ergebnisse der Experteninterviews sind an den jeweils relevanten Stellen innerhalb des Werks aufgeführt.

1.2   Stand der Forschung

Allweyer (2016) erläutert die Technologie in ihren Grundzügen. Er stellt Merkmale zur Abgrenzung zu anderen, ähnlichen Technologien vor und erläutert umfassend Einsatzbereiche und Nutzenpotenziale von RPA. Zusätzlich liefert er einen ersten Ausblick auf ein – aus wissenschaftlicher Perspektive – hoch aktuelles und relevantes Forschungsgebiet, nämlich die Auswirkung von RPA auf Beschäftigte und Arbeitsplätze und damit das künftige Zusammenspiel von Mensch und Maschine. Van der Aalst et al. (2018) positionieren

RPA im Umfeld anderer Automatisierungstechnologien. Hierbei vergleichen sie RPA insbesondere mit dem „Straight Through Processing" (STP). Außerdem eröffnen die Autoren weitere zu beantwortende Fragestellungen. Dies sind zum Beispiel die Frage nach den richtigen Prozessauswahlkriterien oder – auch hier – Fragestellungen in Bezug auf das Zusammenspiel von Menschen und Maschinen und die Verantwortungszuordnung für ein maschinelles Fehlverhalten.

Als eine der wegweisenden Fallstudien erläutern Lacity und Willcocks (2016) den Einsatz von RPA bei Telefónica O2. Sie gehen hierbei auf viele für einen Einsatz der Technologie relevanten Fragestellungen ein und liefern wertvolle erste Praxiserfahrungen und Vergleichswerte. Sie führen außerdem zwölf weitere Unternehmen auf, die ebenfalls RPA eingeführt haben, ohne jedoch konkrete Studien zu diesen Anwendungsfällen durchgeführt zu haben. Willcocks et al. (2017) leiten mittels einer weiteren Fallstudie anhand des Unternehmens Xchanging weitere Praxisempfehlungen für den Einsatz von RPA ab. Hierbei erläutern sie insbesondere einen sinnvollen Ablauf einer RPA-Implementierung. Willcocks und Lacity (2016) führen die Resultate ihrer Fallstudien, Experteninterviews sowie weitere Ergebnisse ihrer Forschung zu RPA zusammen. Ihr Fokus liegt hierbei auf der Forschung zur Automatisierung von Backoffice-Prozessen. Ribeiro et al. (2021) stellen eine Übersicht relevanter Literatur in Form eines „Literature Reviews" zur Verfügung.

Eine Fallstudie auf Basis eines im deutschen Markt agierenden Unternehmens führen Hermann et al. (2018) durch. Der Schwerpunkt liegt auf den Mehrwerten, die RPA im Controlling eines jeden Unternehmens bieten kann. Kharchenko et al. (2018) untersuchen den Einfluss von RPA (und anderer Technologien) auf die bisherigen Geschäftsmodelle von Callcentern.

Ein Basiswerk für den Einsatz von RPA in der Finanzwirtschaft bietet die Vorgängerversion des vorliegenden Werkes (Smeets et al., 2019). Einen weitgefassten Überblick zur RPA-Technologie liefern auch Czarnecki und Fettke (2021).

Zusätzlich zu der in wissenschaftlichen Zeitschriften veröffentlichten Literatur existieren verschiedene Studien, die in jüngerer Vergangenheit durch größere Beratungshäuser u. ä. durchgeführt worden sind. Beispiele hierfür sind der Einführung zu entnehmen (Abschn. 1.1). Die Studien sind aus einem wissenschaftlichen Blickwinkel heraus nur eingeschränkt nutzbar, da beispielsweise die angewandte Methodik nicht immer im Detail erläutert wird oder dem gewählten Forschungsdesign zugrunde liegende Prämissen fehlen. Dies ist auch absolut nachvollziehbar. Selten verfolgen die Studien das Ziel einer wissenschaftlichen Forschungsarbeit. Dennoch liefern sie relevante Aussagen für die Praxis und Anknüpfpunkte für weitere Forschungen. Aus diesem Grund werden ihre Ergebnisse – genau wie die der anderen vorstehenden Literatur – in diesem Werk regelmäßig verwendet und zitiert.

Weitere Quellen finden sich in Form von Ratgebern für RPA-Entwickler oder -Berater (vgl. beispielsweise Murdoch, 2018). Diese entsprechen im Regelfall keinen wissenschaftlichen Standards, werden vor dem Hintergrund der Zielsetzung eines Leitfadens für die Praxis dennoch verwendet.

Literatur

Allweyer, T. (2016). Robotic Process Automation – Neue Perspektiven für die Prozessautomatisierung. Fachbereich Informatik und Mikrosystemtechnik Hochschule Kaiserslautern. http://www.kurze-prozesse.de/blog/wp-content/uploads/2016/11/Neue-Perspektiven-durch-Robotic-Process-Automation.pdf. Zugegriffen am 27.12.2018.

Bornet, P., Barkin, I., & Wirtz, J. (2020). *Intelligent Automation: Learn how to harness Artificial Intelligence to boost business & make our world more human.* Eigenverlag.

Czarnecki, C., & Fettke, P. (2021). *Robotic Process Automation – Management, Technology, Applications.* De Gruyter Oldenbourg.

Dickgreber, F., Schneider, H., Warren, B., & Adam, R. (2018). *Robotic Process Automation.* https://crm.arvato.com/en/solutions/crm-and-customer-services/download/whitepaper-robotic-process-automation-rpa-for-finance-back-office-processes.html#download. Zugegriffen am 20.01.2019.

Fortune. (2023). *RPA market.* https://www.fortunebusinessinsights.com/robotic-process-automation-rpa-market-102042. Zugegriffen am 02.05.2023.

Gartner. (2020). Gartner says worldwide Robotic Process Automation software revenue to reach nearly $2 Billion in 2021. https://www.gartner.com/en/newsroom/press-releases/2020-09-21-gartner-says-worldwide-robotic-process-automation-software-revenue-to-reach-nearly-2-billion-in-2021. Zugegriffen am 02.05.2023.

Hermann, K., Stoi, R., & Wolf, B. (2018). Robotic Process Automation im Finance & Controlling der MANN+HUMMEL Gruppe. *Controlling, 30*(3), 28–34.

IDG. (2021). Robotic Process Automation 2021. https://leimpek-beratung.de/wp-content/uploads/2021/10/IDG_UiPath_RPA_Studie_2021.pdf. Zugegriffen am 02.05.2023.

Kharchenko, A., Kleinschmidt, T., & Karla, J. (2018). Callcenter 4.0 – Wie verändern Spracherkennung, Künstliche Intelligenz und Robotic Process Automation die bisherigen Geschäftsmodelle von Callcentern. *HMD, 55*, 383–397. https://doi.org/10.1365/s40702-018-0405-y

Lacity, M., & Willcocks, L. (2016). Robotic Process Automation at Telefónica O2. *MIS Quarterly Executive, 15*(1), 21–35.

Lamberton, C. (2017). Get ready for Robotic Process Automation. https://www.ey.com/gl/en/industries/financial-services/fso-insights-get-ready-for-robotic-process-automation. Zugegriffen am 28.01.2019.

McKinsey Global Institute. (2017). *A future that works: Automation, Employment, and Productivity.* McKinsey & Company.

Murdoch, R. (2018). Robotic Process Automation. Guide to building software robots, automate repetitive tasks & become an RPA Consultant. Eigenverlag.

Ostrowicz, S. (2017). Einsatz von Robotics in der Finanzindustrie. https://www.horvath-partners.com/es/media-center/studien/detail/einsatz-von-robotics-in-der-finanzindustrie/. Zugegriffen am 24.01.2019.

Otto, S., & Longo, M. (2017). ISG-Studie: Robotic Process Automation (RPA) sorgt für mehr Produktivität und nicht für Jobverluste. https://www.isg-one.com/docs/default-source/default-document-library/isg-automation-index-de_final_form.pdf?sfvrsn=15defe31_0. Zugegriffen am 20.01.2019.

Ribeiro, J., Lima, R., Eckhardt, T., & Paiva, S. (2021). Robotic Process Automation and Artificial Intelligence in industry 4.0 – A literature review. *Procedia Computer Science, 181*, 51–58.

Smeets, M., Erhard, R., & Kaußler, T. (2019). *Robotic Process Automation in der FInanzwirtschaft.* Springer Gabler.

Van der Aalst, W. M. P., Bichler, M., & Heinzl, A. (2018). Robotic Process Automation. *Business & Information Systems Engineering, 60*(4), 269–272. https://doi.org/10.1007/s12599-018-0542-4

Willcocks, L., & Lacity, M. (2016). *Service automation. Robots and the future of work.* Steve Brooks Publishing.

Willcocks, L., Lacity, M., & Craig, A. (2017). Robotic process automation: Strategic transformation lever for global business services? *Journal of Information Technology Teaching Cases, 7*, 17–28.

Robotic Process Automation – Hintergründe und Einführung

2

Zusammenfassung

Das Kapitel definiert zunächst das hier verwendete Verständnis von RPA. Dafür erfolgt eine Abgrenzung zu anderen Automatisierungslösungen und weiteren Technologien, die im Zusammenhang mit RPA regelmäßig referenziert werden. Im Anschluss wird eine Einführung in die eigentliche RPA-Technologie vorgenommen. Im Fokus steht hier weniger ein detaillierter IT-technologischer Hintergrund, sondern vielmehr ein grundsätzliches Technologie-Verständnis für alle relevanten Zielgruppen. Hierauf folgend werden die Nutzenpotenziale und Vorteile, aber auch die Nachteile von RPA ausführlich diskutiert, bevor abschließend eine Einordnung von RPA in den Kontext des Prozessmanagements erfolgt.

2.1 Was ist RPA – und was nicht

Grundsätzliche Definition von RPA Bevor die technologischen Details, die Vor- aber auch die Nachteile von RPA betrachtet werden können, ist ein einheitliches Verständnis von RPA zu schaffen. Worin unterscheidet es sich von ähnlichen Technologien und wieso ist RPA derzeit in aller Munde?

Wie bei vergleichsweisen Entwicklungen, ist im Schrifttum noch keine eindeutige Definition von RPA zu finden. Vielmehr existieren verschiedenste Definitionen und Beschreibungen von dem, was RPA ist und was nicht. So beschreiben beispielsweise van der Aalst et al. (2018, S. 269) RPA als einen Sammelbegriff für Tools, die andere Anwendungen auf Computersystemen über die grafische Benutzeroberfläche bedienen, so wie es ein Mensch tun würde. Allweyer (2016, S. 1) beschreibt RPA als Softwareprogramm, das Menschen unterstützt oder diese in der Durchführung bestimmter Aufgaben vollständig ersetzt. Hier soll die folgende Definition von RPA angewendet werden.

© Springer Fachmedien Wiesbaden GmbH, ein Teil von Springer Nature 2023
M. Smeets et al., *Robotic Process Automation (RPA) in der Finanzwirtschaft*,
https://doi.org/10.1007/978-3-658-42290-5_2

▶ **Definition** Bei RPA handelt es sich nicht um physische Maschinen. Vielmehr handelt es sich hierbei um eine installierbare Software. Ziel dieser Software ist es, Menschen bei der Ausübung ihrer Tätigkeiten zu unterstützen oder ihnen einzelne Tätigkeiten vollständig abzunehmen. Hierbei kommuniziert sie mit anderen digitalen Systemen, extrahiert Daten, manipuliert diese und fügt sie in andere Anwendungen ein. RPA eignet sich in seinen Grundzügen zur voll- oder teil-automatisierten Abwicklung von Geschäfts- und Verwaltungsprozessen. Es ist eine Lösung, die für sich genommen keine tiefgreifenden Änderungen an bestehender IT-Infrastruktur voraussetzt, um verwendet werden zu können. Sie nutzt das User-Interface so, wie es auch ein Mensch nutzen würde. RPA kann daher auch als non-invasive Technologie bezeichnet werden.

Wird von einem RPA-Bot gesprochen, so meint dies hier (und in der Regel auch grundsätzlich) eine einzelne Lizenz einer RPA-Software. Hier wird der Begriff „Bot" anstelle des alternativen Begriffs „Roboter" verwendet, um zu verdeutlichen, dass es sich um eine eigenständig – also automatisiert – agierende Software handelt.

Die hier betrachteten RPA-Lösungen verwenden keine künstliche Intelligenz, Komponenten des maschinellen Lernens, also des eigenständigen Generierens von Wissen durch ein System, oder ähnliche – es sei denn, es wird ausdrücklich hierauf hingewiesen. Grund hierfür ist, dass sich die meisten Anwendungsfälle – zumindest im Bereich umfangreicher, hoch-voluminöser Prozessautomatisierungen – in der Finanzwirtschaft erfahrungsgemäß bislang auf solche (Basis-)Lösungen beschränken.

Ergebnisse der Experteninterviews
Die befragten Experten bestätigen, dass der bisherige Fokus des RPA-Einsatzes eher auf wenig komplexen, stark strukturierten und häufig vorkommenden Prozessen liegt. Diese werden im Regelfall mit RPA automatisiert. Weiterführende Lösungen, beispielsweise unter Einsatz künstlicher Intelligenz oder Komponenten des genannten maschinellen Lernens, werden den Einschätzungen nach erst in Zukunft eine Rolle spielen.

Typen von RPA Mit dem Begriff RPA ist nicht immer dieselbe Technologieform gemeint. Es lassen sich in der einschlägigen Literatur mindestens zwei (vgl. beispielsweise Allweyer, 2016, S. 2), jedoch problemlos auch drei unterschiedliche Typen von RPA finden. Letztere sind (vgl. Willcocks et al., 2017, S. 19):

1. Desktop-RPA
2. RPA-Plattformen
3. IT-Softwareentwicklungstools

Desktop-RPA-Tools (auch „Robotic Desktop Automation" – RDA) basieren hierbei auf Funktionalitäten wie der Ausführung von Makros und Scripts sowie der Nutzung sogenannter „Screen-Scraping-Technologien" (hiermit werden Informationen beziehungsweise Texte auf dem Bildschirm ausgelesen). Vereinfacht gesprochen zeichnet Desktop-RPA zunächst die Handlungen des (menschlichen) Anwenders auf. Anschließend unterstützt das

Tool den Anwender bei der Erledigung seiner Routineaufgaben. Es handelt sich hierbei also weniger um die Automatisierung eines dokumentierten, standardisierten Prozessablaufs, als vielmehr um die reine Wiedergabe von Anwendereingaben. Jeder Anwender hat hier die Möglichkeit, individuelle Automatisierungen für seinen Arbeitsplatz vorzunehmen.

Wenngleich die Tools in ihren Funktionalitäten meist der oben gewählten Definition von RPA entsprechen: für eine tatsächliche RPA-Implementierung – im hier genutzten Verständnis – eignet sich Desktop-RPA nicht. Dies bedeutet nicht, dass Desktop-RPA keine erfolgversprechende Lösung sein kann. Je nach Einsatzbereich und technischen Gegebenheiten kann sie sogar die einzig sinnvolle sein. Desktop-RPA wird beispielsweise erfolgreich im Service Center eines führenden deutschen Energieunternehmens eingesetzt und unterstützt dort die Beschäftigten im Kundenkontakt durch die Automatisierung von Teil-Prozessen. Die Bots stellen hierbei in Echtzeit relevante Daten zusammen und unterstützen bei Berechnungen (vgl. Manager Magazin, 2019).

Eine Alternative zu Desktop-RPA sind RPA-Plattformen (auch als „Enterprise-RPA" bezeichnet, vgl. Willcocks 2017, S. 19). Diese besitzen mindestens die gleichen technischen Fähigkeiten wie Desktop-RPA-Tools und entsprechen ebenfalls der oben gewählten Definition. Im Gegensatz zu Desktop-RPA-Tools werden sie aber nicht auf einzelnen Arbeitsplätzen („Desktops") installiert und betrieben, sondern befinden sich auf Servern. Obwohl auch hier Prozessabläufe aufgezeichnet werden können, stellt dies eher den Ausnahmefall dar. Deutlich häufiger werden die Prozessabläufe (im Folgenden auch „Artefakte") in einer standardisierten Form erstellt und greifen auf Befehlsbibliotheken – beispielsweise zum Login und Logoff – zurück (ähnlich einer IT-technischen Programmierung, jedoch „einfacher" umsetzbar, wie im weiteren Verlauf noch zu sehen sein wird). Die Anzahl der Bots, die auf den RPA-Plattformen in Betrieb ist, lässt sich nahezu beliebig skalieren. Auch ein zentrales Monitoring und eine zielgerichtete Steuerung sind hierüber möglich – entweder durch Menschen, oder aber durch andere Bots (je nach RPA-Softwareanbieter auch als „Orchestratoren" oder „Kontrollräume" bezeichnet).

Der dritte Typ, IT-Softwareentwicklungstools, unterscheidet sich maßgeblich von den beiden vorherigen. Um hiermit Prozesse automatisieren zu können, sind umfangreiche IT-/Programmierungskenntnisse erforderlich. Bei den anderen beiden Typen kann die Bedienung der Tools – und damit die Automatisierung – nach einer Trainings- und Einarbeitungsphase durch Fachbereichs- oder Prozessexperten vorgenommen werden. Oft handelt es sich bei Lösungen des dritten Typs eher um Business-Process-Management-Tools (BPM-Tools).

Der Vergleich der drei skizzierten Typen von RPA lässt schnell erkennen, dass es sich nur bei den ersten beiden um RPA im Sinne der hier verwendeten Definition handelt. IT-Softwareentwicklungstools sollen deshalb hier nicht weiter betrachtet werden. Wie die folgenden Abschnitte und Kapitel zeigen werden, entfaltet RPA seinen vollständigen Nutzen erst dann, wenn standardisierte Prozesse mit hohen Volumina arbeitsplatzübergreifend automatisiert werden. Daher ist Typ 2 – die RPA-Plattform bzw. die Enterprise-RPA-Lösung – der im weiteren Verlauf relevante Typ, der im Regelfall gemeint ist.

Eine andere, regelmäßig wiederkehrende Bezeichnung der beiden Typen unterscheidet zwischen „attended" und „unattended" RPA-Bots (vgl. zum Beispiel Appliedai.com, 2017, S. 11). Der „attended-Fall" kann dem Typ Desktop-RPA gleichgesetzt werden, der „unattended-Fall" der RPA-Plattform, also Bots, die eigenständig handeln und eventuell sogar durch andere Bots gesteuert werden. Beide entsprechen in ihren Eigenschaften weitestgehend den jeweils oben unterschiedenen Typen.

Abgrenzung von RPA zu anderen Technologien Für die weitere Betrachtung ist eine Abgrenzung von RPA in zwei Richtungen erforderlich. Zunächst ist RPA in Abb. 2.1 gegenüber anderer, traditioneller Prozessautomatisierungslösungen abzugrenzen. Es werden hier unterschiedliche Lösungsansätze anhand von Fallhäufigkeit des Prozessdurchlaufs und Grad der Fall-Unterschiedlichkeit beurteilt. Bedeutet: Ein „Fall" entspricht einem Prozessdurchlauf. Wird ein Depotkonto angelegt und hierfür der Prozess „Depotkonto anlegen" einmal durchlaufen, ist dies ein Fall. Anschließend erfolgt in Abb. 2.2 die Abgrenzung zu weiterführenden Technologien, die beispielsweise künstliche Intelligenz einsetzen. Kriterien sind hier der Automatisierungsgrad und der Grad des Einsatzes künstlicher Intelligenz.

Abgrenzung anhand Fallhäufigkeit und Grad der Fall-Unterschiedlichkeit Die vertikale Achse gibt die Fallhäufigkeit wieder, beispielsweise als Anzahl der Durchläufe eines bestimmten Prozesses in einem bestimmten Zeitraum, ansteigend von unten nach oben. Auf der horizontalen Achse ist der Grad der Unterschiedlichkeit der Fälle abgetragen, zu-

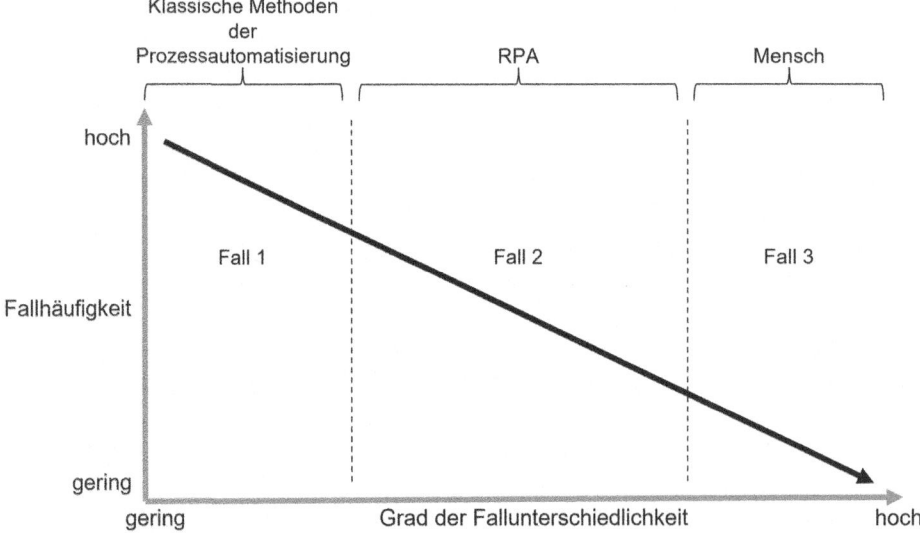

Abb. 2.1 Abgrenzung von RPA anhand Fallhäufigkeit und -unterschiedlichkeit. (Eigene Darstellung, in Anlehnung an van der Aalst et al., 2018, S. 270)

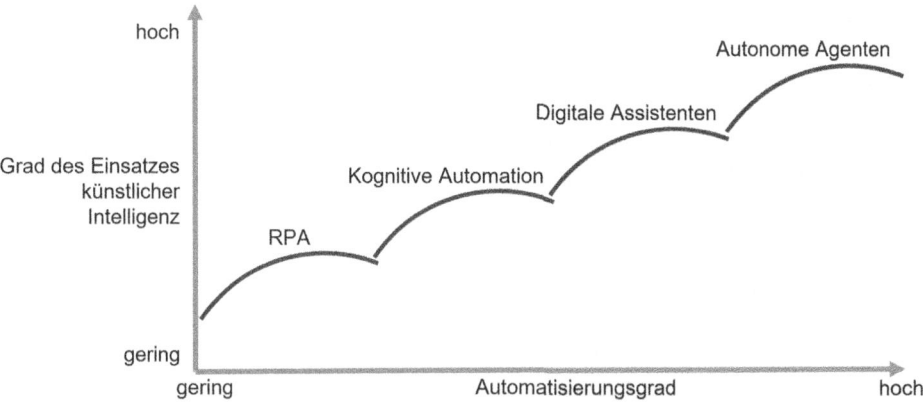

Abb. 2.2 Einordnung von RPA anhand Automatisierungsgrad und Grad des Einsatzes künstlicher Intelligenz. (Eigene Darstellung, in Anlehnung an Ostrowicz, 2018, S. 4)

nehmend von links nach rechts. Im linken Bereich der Grafik befinden sich Fälle, die sehr häufig vorkommen und stark standardisiert sind, also nur einen geringen Grad an Unterschiedlichkeit besitzen. Dies kann beispielsweise das minütliche, repetitive Abfragen eines bestimmten Parameters in einer Anwendung sein (Fall 1). Im rechten Bereich der Grafik finden sich die Fälle, die nur selten vorkommen und sehr individuell sind, also einen hohen Grad an Unterschiedlichkeit besitzen. Dies kann beispielsweise die Beratung eines Kunden durch einen Kundenberater sein (Fall 3). Für Fall 1 kommt eine Automatisierung in Frage. Aufgrund des enorm hohen Standardisierungsgrades und der hohen Fallhäufigkeit, eignen sich hier bekannte Methoden der Prozessautomatisierung wie das Straight Through Processing (STP), Workflow-Management-Systeme (WfMS) oder Business Process Automation (BPA). Hauptunterscheidungsmerkmal zu RPA ist die Art und Weise der Integration in die zu automatisierenden Anwendungen. Die bekannten Methoden nutzen Programmierschnittstellen und bedeuten hierdurch oft deutlich mehr Aufwand in der Implementierung und erfordern meist tiefe Eingriffe in die automatisierten Systeme (vgl. auch Allweyer, 2016, S. 7). Dafür agieren diese am Ende meist noch stabiler als RPA-Lösungen, weshalb ein Einsatz im hier skizzierten Fall 1 vorteilhaft sein kann. Für Fall 3 lohnt sich eine Automatisierung nicht (beispielsweise unter Kosten-Nutzen-Aspekten) oder aber ist gänzlich unmöglich, wie im Fall einer Kundenberatung. Hier kann lediglich ein Mensch agieren, sofern es sich um Themen handelt, in denen eine robotergestützte Beratung nicht möglich ist. Dies ist insbesondere dann der Fall, wenn der Beratungsprozess keinen vordefinierten Regeln folgt.

Alle anderen, in der Grafik mittig zuzuordnenden Fälle (Fall 2), sind grundsätzlich automatisierbar und insbesondere für eine Automatisierung mit RPA geeignet. Wenngleich Abb. 2.1 nur eine skizzenhafte und quantitativ nicht exakt definierbare Abgrenzung von RPA zu anderen Lösungen vornehmen kann, so liefert diese dennoch ein bildliches Verständnis der Möglichkeiten und Grenzen eines RPA-Einsatzes.

Abgrenzung anhand von Automatisierungsgrad und Einsatz künstlicher Intelligenz Die gemäß der hier gewählten Definition betrachteten Lösungen zur Prozessautomatisierung arbeiten anhand fest definierter Regeln. Sie besitzen keinerlei maschinelle Lernfähigkeiten oder Eigenschaften einer künstlichen Intelligenz. Letztere können als Weiterentwicklung bestehender und erprobter RPA-Lösungen betrachtet werden. RPA stellt hierbei den ersten Schritt dar (oder auch den Beginn einer „Automation Journey", vgl. Ostrowicz, 2018, S. 4). Wie später noch zu sehen sein wird, kann kritisch diskutiert werden, ob es sich hierbei tatsächlich um Weiterentwicklungen oder doch eher um verwandte Technologien handelt, die sich erfolgreich mit RPA kombinieren lassen. Abb. 2.2 stellt RPA und seine Weiterentwicklungen beziehungsweise verwandten Technologien dar.

„Kognitive Automation" besitzt im Gegensatz zu RPA maschinelle Lernfähigkeiten und erkennt grundlegende Muster innerhalb kleiner Mengen unstrukturierter Daten. Die Technologie dient insbesondere der Strukturierung vorher unstrukturierter Inhalte. „Digitale Assistenten" (auch als „Social Robots" bezeichnet, vgl. Allweyer, 2016, S. 8) gehen einen Schritt weiter. Sie interagieren mit Beschäftigten und/oder Kunden. Hierbei besitzen sie die Fähigkeit, unstrukturierte Inhalte wie Text und Sprache zu analysieren. Beide Technologien setzen hierfür neben maschinellem Lernen auch Technologien wie beispielsweise Natural Language Processing (NLP) oder Optical Character Recognition (OCR) ein (vgl. Appliedai.com, 2018).[1] „Autonome Agenten" können hoch komplexe Aufgaben automatisiert bearbeiten, indem sie mit Hilfe mathematischer Modelle ein menschliches Urteilsvermögen simulieren. Diese Technologie besitzt bislang allerdings noch keine vollumfängliche Marktreife (vgl. Ostrowicz 2018, S. 15).[2]

Auf der horizontalen Achse der Abb. 2.2 ist der nach rechts zunehmende Automatisierungsgrad beschrieben. In diesem Fall handelt es sich weniger um den Anteil eines Prozesses, der automatisiert werden kann (was aber auch möglich wäre, zum Beispiel bei sehr komplexen Prozessen). Vielmehr ist hiermit die Gesamtmenge an Prozessen gemeint, die für eine Automatisierung in Frage kommt. Auf der vertikalen Achse ist der nach oben ansteigende Grad des Einsatzes künstlicher Intelligenz abgetragen. Mit ansteigendem Grad der eingesetzten künstlichen Intelligenz lässt sich tendenziell auch der Automatisierungsgrad – also der Anteil theoretisch automatisierbarer Prozesse – erhöhen. Dieser Zusammenhang ist einfach nachvollziehbar. RPA eignet sich – mangels eines Einsatzes künstlicher Intelligenz – nur für die Automatisierung vollkommen regelbasierter Abläufe. Es können keine individuellen Entscheidungen getroffen werden. Je weiter rechts in der Grafik, desto mehr und desto komplexere Entscheidungen lassen sich treffen. Dies führt dazu, dass hier tendenziell mehr Prozesse für eine Automatisierung in Frage kommen, als bei

---

[1] NLP beschreibt hier das Erkennen, Verstehen und Verarbeiten von Sprache durch Software. Mit OCR ist das Erkennen und Umsetzen bildbasierter in maschinelle Zeichen gemeint (vgl. jeweils Appliedai.com, 2018).

[2] Eine alternative Unterteilung anhand des Einsatzgrads künstlicher Intelligenz nehmen Willcocks und Lacity (2016, S. 47) vor, dort der Everest Group folgend. Sie teilen Automatisierungstools ein in a) regelbasierte Automatisierung (also RPA im hier verwendeten Verständnis), b) wissensbasierte Automatisierung und c) künstliche Intelligenz.

einer ausschließlich regelbasiert arbeitenden Lösung. Die dargestellten Lösungen nehmen damit sowohl in ihrem Automatisierungsgrad als auch in ihrem Grad des Einsatzes künstlicher Intelligenz zu.

Wie eingangs beschrieben, werden die drei neben RPA dargestellten Lösungen aufgrund des zunehmenden Einsatzes künstlicher Intelligenz teilweise als Weiterentwicklung von RPA bezeichnet (vgl. neben oben auch Appliedai.com (2018)). Diese Einschätzung trifft nicht vollumfänglich zu. Alle vier Lösungen besitzen unterschiedliche Einsatzgebiete. Autonome Agenten zielen auf die Analyse großer, unstrukturierter Datenmengen ab. Der Schwerpunkt der Digitalen Assistenten liegt in der Kommunikation mit internen oder externen Kunden. RPA hingegen automatisiert repetitive Prozessabläufe mit hohen Volumina. Die Zielsetzungen sind somit vollkommen unterschiedlich. Anstelle einer Weiterentwicklung von RPA, können die anderen Lösungen als eine Art Ergänzung „des Werkzeugkastens im Umgang mit Daten" betrachtet werden.

▶   Anstelle einer perspektivischen Ablösung von RPA durch andere Lösungen, kann eher von einem künftigen Neben- und Miteinander der Werkzeuge ausgegangen werden – in Form einer gegenseitigen Ergänzung (vgl. hierzu auch Kap. 9).

Im Endeffekt kommt nur die kognitive Automation einer tatsächlichen Weiterentwicklung von RPA nahe, indem hier nach wie vor repetitive Prozesse automatisiert werden, jedoch mit einer ergänzenden Mustererkennung. Doch auch hier kann eher von einer Ergänzung von RPA durch kognitive Elemente als von einer Ablösung der einen durch die andere Lösung gesprochen werden.

Merkmale von RPA Nach einer ersten Definition von RPA und der Abgrenzung zu anderen, ähnlichen Technologien, werden im nächsten Schritt Merkmale von RPA definiert. Anhand dieser kann zum einen eine weiterführende, noch detailliertere Definition von RPA vorgenommen werden. Zum anderen eignen sich die Merkmale zur Erweiterung des Verständnisses von RPA, seiner Fähigkeiten und Einsatzbereiche.[3] Tab. 2.1 fasst die Merkmale von RPA zusammen. Diese sind – neben umfassenden Erfahrungen aus der Praxis – angelehnt an van der Aalst (2018, S. 269–271), Allweyer (2016, S. 2–3), Appliedai.com (2017) und Willcocks et al. (2017, S. 19–20).

Ergebnisse der Experteninterviews

Die durchgeführten Experteninterviews bestätigen, dass RPA eher als Brückentechnologie gesehen wird. Dies bedeutet hier jedoch weniger, dass die Technologie selbst nur eine kurze Lebensdauer besitzt. Vielmehr ist hiermit gemeint, dass RPA ein einfaches Mittel ist, um bestehende Prozesse für einen Zeitraum weniger Jahre zu automatisieren, bevor oftmals umfassende Prozessneuerungen die Möglichkeit für eine anwendungsinterne Prozessautomatisierung (also eine „Programmierung" im klassischen Sinne) bieten. Diese macht die Automatisierung mit RPA überflüssig. Da RPA eine enorm kurze Amortisationsdauer besitzt (vgl. Abschn. 2.3), sind auch solch kurze Zyklen gewinnbringend.

---

[3] Kap. 3 beschäftigt sich ausführlich mit den Einsatzbereichen von RPA in der Finanzwirtschaft.

Tab. 2.1 Merkmale von RPA. (In Anlehnung an van der Aalst (2018, S. 269–271), Allweyer (2016, S. 2–3), Appliedai.com (2017) und Willcocks et al. (2017, S. 19–20))

Merkmal	Erläuterung
Benutzerschnittstelle	RPA verwendet meist die (grafische) Benutzerschnittstelle, d. h. im Regelfall die grafische Bedienoberfläche der zu automatisierenden Anwendungen.
Imitation des Menschen	RPA imitiert die Eingaben eines Menschen in den zu automatisierenden Anwendungen – wenngleich keine eigenen Entscheidungen getroffen werden.
Keine Programmierkenntnisse	Zur Konfiguration der Bots sind keine Programmierkenntnisse erforderlich (ein grundlegendes IT-Verständnis ist jedoch sinnvoll und meist erforderlich). Die Konfiguration erfolgt beispielsweise auf Basis von Flow-Charts.[a]
Outside-In-Ansatz	Im Gegensatz zu herkömmlichen Automatisierungslösungen (STP, WfM, u. a.), die einen Inside-Out-Ansatz verfolgen (die Anwendung wird von Grund auf angepasst oder neu entwickelt), greift eine Automatisierung mit RPA programmiertechnisch nicht in die bestehenden Anwendungen ein.
Software	RPA ist eine Software, keine Hardware. RPA ist beispielsweise nicht mit Industrierobotern zu verwechseln.
Strukturierte Routineaufgaben	RPA führt strukturierte Prozesse aus, deren Abläufe stabil sind, sich also nicht verändern. Künstliche Intelligenz beziehungsweise maschinelles Lernen, welches auch unstrukturierte Daten für Automatisierungszwecke nutzbar macht, wird nicht eingesetzt.

[a]Im weiteren Verlauf wird aus Verständnisgründen teilweise dennoch von einer „Programmierung" der RPA-Artefakte und -Bots gesprochen

RPA als „Digitaler Disruptor" RPA besitzt das Potenzial eines digitalen Disruptors (vgl. Murdoch, 2018, Kap. „RPA in the Enterprise"). Dies meint, dass RPA Prozesse so verändert, dass diese im Zeitablauf nicht mehr in ihren Ausgangszustand zurückversetzt werden. Murdoch (2018, Kap. „RPA in the Enterprise") ordnet RPA hierzu in das von Peter Diamandis übernommene Konzept mit der Bezeichnung „The Six Ds of Exponentials: digitization, deception, disruption, demonetization, dematerialization and democratization" ein. Anhand dessen lassen sich der potenzielle (positive) Einfluss von RPA auf die Geschäfts- und Prozesswelt, aber auch die unterschiedlichen Wahrnehmungen von RPA durch mögliche Anwender, Verantwortliche, etc. verstehen:

Digitization Die Digitalisierung von Daten ist der entscheidende Schritt, der die Nutzung von RPA überhaupt erst möglich macht. Nur durch eine Digitalität der Daten sind diese durch RPA nutzbar.

Die Praxiserfahrungen der vergangenen Jahre haben immer wieder gezeigt, dass ein Automatisierungsbestreben mit RPA tatsächlich Antrieb zur stärkeren Digitalisierung von Daten und Prozessabläufen bieten kann. In vielen Projekten waren es regelmäßig einzelne nicht-digitale Prozessschritte – wie ein Versand per Fax, ein Ausdrucken, Ausfüllen und Wieder-Einscannen eines Dokuments u. a. – die der direkten Automatisierung im Wege standen. Im Rahmen der RPA-Entwicklung wurden solche Schritte, im Sinne einer guten Prozessvorbereitung, eliminiert bzw. digitalisiert.

Deception   Dinge, die erstmalig digitalisiert werden oder im digitalen Umfeld entstehen, genießen zunächst meist sehr geringe Aufmerksamkeit. Ihr Potenzial wird häufig unterschätzt. Murdoch (2018, Kap. „RPA in the Enterprise") nennt hier das Beispiel von Digitalkameras, deren Potenzial mit einer anfänglichen Auflösung von 0,01 Megapixel massiv unterschätzt worden ist. Ähnliches ist bei RPA der Fall. Auch das Potenzial der RPA-Technologie wurde anfangs unterschätzt, als sich diese noch ausschließlich mit Desktop-Automatisierung beschäftigte.

Auch heute wird das Potenzial von RPA zuweilen von Entscheidern unterschätzt. Wenngleich RPA strukturierte Daten und regelbasierte Prozesse benötigt, so bietet es dennoch regelmäßig eine grundlegen Plattform zur unternehmensweiten Automatisierung, auf welcher in Folgeschritten weitere Technologien ergänzt werden können. RPA ist als Bestandteil der Digitalisierungs- und Automatisierungsstrategie mithin unverzichtbar.

Demonetization und Disruption   RPA verdrängt mehr und mehr klassische Softwareentwicklungen für Automatisierungslösungen aus dem Markt. Auch Softwareentwicklungsunternehmen fokussieren sich vermehrt auf RPA (bzw. ähnliche Automatisierungstools, die nicht immer eindeutig als „RPA" bezeichnet werden), als stark nachgefragte Alternative zur Softwareentwicklung.[4]n

Dematerialization   Dies meint grundsätzlich, dass kein Material mehr benötigt wird, um Nutzern dieselben Funktionalitäten wie vorher – mit Material – zu bieten. Als Beispiel kann hier wieder die Digitalkamera herangezogen werden. Diese ist mittlerweile durch die Kamera im Mobiltelefon verdrängt worden, die mit gleicher Fotoqualität überall und jederzeit nutzbar ist. Die Digitalkamera ist somit entbehrlich. RPA ist als Software bereits kein physisches Produkt. Doch die „Entmaterialisierung" kann auch hier stattfinden, indem RPA beispielsweise als cloudbasierte Lösung den völlig frei skalierbaren und von jedem Ort möglichen Zugriff auf Bots ermöglicht. Einzelne, stationäre RPA-Lösungen („on premise") sind in diesem Szenario nicht mehr notwendig.

Insbesondere in der Finanzwirtschaft sind „on premise"-Lösungen nach wie vor am meisten eingesetzt. Doch auch hier ist ein Trend hin zur Nutzung von Cloud-Lösungen erkennbar. Sind erst einmal relevante Anwendungen oder das gesamte Kernbanksystem cloud-basiert, können auch cloud-basierte RPA-Anwendungen problemlos eingesetzt werden.

---

[4]Ein solcher Entwicklungstrend wäre jedoch nicht zielführend. Wie bis hierhin gezeigt und auch im weiteren Verlauf immer wieder zu sehen, ist RPA kein Ersatz klassischer Softwareentwicklungsarbeit, sondern vielmehr eine Ergänzung.

Democratization Je schneller die Entmaterialisierung, aber auch die generelle Entwicklung und Nutzung von RPA voranschreitet, desto eher wird die RPA-Technologie für Jedermann nutzbar. Preismodelle werden sich verändern, Preise werden sinken und Implementierungshürden abnehmen.

2.2   RPA aus technischer Sicht

Nach einer ausführlichen Einführung in Abschn. 2.1 beschäftigt sich der folgende Abschnitt mit einer weiterführenden technologischen Betrachtung von RPA. Zielsetzung des Abschnittes ist das Verschaffen eines Überblicks, wie die Technologie aufgebaut ist, wie sich RPA in die IT-Architektur eines Finanzdienstleistungsunternehmens einfügen kann und wie RPA mit anderen Anwendungen kommuniziert. Auf eine detaillierte IT-seitige Handlungsanleitung wird hierbei verzichtet, da sich die konkreten technischen Schritte meist softwarespezifisch unterscheiden.

Mit RPA automatisierbare Anwendungen Eine eindeutige Aussage, welche Anwendungen automatisierbar sind und welche nicht, birgt Herausforderungen, denn sie hängt von folgenden beiden Faktoren ab:

1. der ausgewählten RPA-Software
2. der oder den hiermit zu automatisierenden Anwendungen

Die relevantesten RPA-Softwares bieten mittlerweile unterschiedliche Möglichkeiten, um auf die zu automatisierenden Anwendungen zuzugreifen. Ein erster Weg ist die Automatisierung über die Benutzeroberfläche (oder auch „user interface" – UI). Alternativ kann RPA aber auch bestehende Schnittstellen beziehungsweise Programmierschnittstellen („application programming interface" – API) nutzen. Auch der direkte Zugriff auf Betriebssysteme und Datenbanken, beziehungsweise deren Zugriffsschichten, ist möglich. Eine nur noch selten eingesetzte Zugriffsmöglichkeit bedient sich der Steuerung über Bildschirmkoordinaten (auch als „Screen Scraping" bezeichnet). Hierbei werden Felder per virtuellem „Mausklick" ausgewählt und bedient. Dieser Mausklick erfolgt an einer vorher festgelegten Stelle auf dem Bildschirm. Das Problem ist offensichtlich: Verschiebt sich das zu bedienende Feld, kann der Bot es nicht mehr bearbeiten oder wählt im schlimmsten Falle ein anderes Feld aus.[5]

---

[5] Eine andere, hier nicht weiter betrachtete Aufteilung, unterscheidet fünf Option, um einen RPA-Bot zu „programmieren" (vgl. appliedai.com, 2019):

Programmierung mittels Code
Nutzung der grafischen Benutzeroberfläche
Aufzeichnung der erfassten Befehle („Recording")
„No-Code-Lösungen", bei denen überhaupt keine manuellen Befehle mehr erteilt werden müssen
Selbstlernende Bots.

▶ Grundsätzlich gilt es, die individuellen Zugriffsmöglichkeiten auf die zu automatisierenden Anwendungen vor der Entscheidung für eine bestimmte RPA-Software gemeinsam mit dem Hersteller oder einem RPA-Berater zu prüfen.

Art des Systemzugriffs von RPA im Vergleich zu anderen Automatisierungslösungen Die Besonderheit von RPA ist, dass die zu automatisierenden Systeme nicht erkennen, dass sie durch eine andere Software bedient werden. Sie verhalten sich so, als würde ein Mensch sie bedienen, Eingaben tätigen und Befehle erfassen. Während andere Arten von Automatisierungssoftware direkt mit der Business-Logik- und der Datenbankzugriffs-Schicht interagieren, verwendet RPA im Normalfall ausschließlich die Benutzeroberfläche. Dieser Vergleich ist in Abb. 2.3 dargestellt.

Hierin liegt der große Vorteil von RPA gegenüber anderen Lösungen begründet. Diese „Einfachheit" führt zu einer hohen Flexibilität und Unabhängigkeit von spezifischen Voraussetzungen, die eine Zielanwendung für andere Automatisierungslösungen potenziell benötigt. Wenngleich software-unabhängig nutzbar, bieten die großen RPA-Softwares mittlerweile diverse Schnittstellen und Integrationen zu/von gängigen Anwendungen, die in vielen Unternehmen eingesetzt werden. Dies vereinfacht die Automatisierung und macht die fertigen Prozesse stabiler.

Aufbau von RPA-Lösungen Der folgende Abschnitt bietet einen grundsätzlichen Überblick über den Aufbau von RPA-Lösungen bzw. -Setups. Dabei gilt, dass diese von Softwareanbieter zu -anbieter variieren können und sich eventuell auch im Laufe der Jahre weiterentwickeln.

Grundsätzlicher Aufbau der Softwares RPA-Softwares beinhalten eine Komponente, um die eigentliche Prozessautomatisierung aufzusetzen, also den Prozessablauf für den RPA-Bot „zu designen". In der Regel geschieht dies mittels eines hohen Grades an grafi-

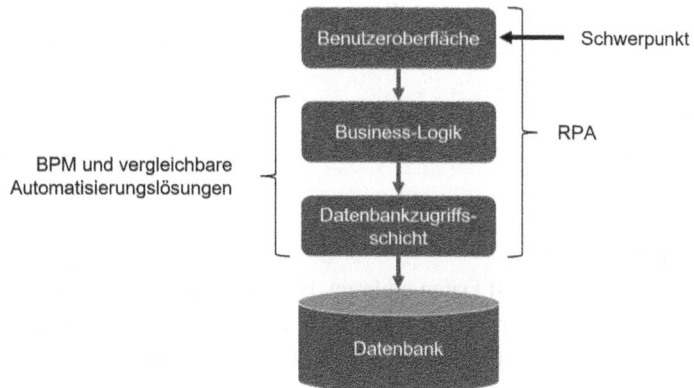

Abb. 2.3 Zugriff von RPA und BPM auf einzelne „Schichten". (Eigene Darstellung, in Anlehnung an Lacity und Willcocks, 2016, S. 24)

scher Unterstützung. Solche Design-Komponenten relevanter RPA-Softwares bestehen hierfür aus den folgenden Bausteinen (vgl. Murdoch, 2018, Kap. Robotic Process Automation Platforms"):

- Prozessbaukasten, indem sich mittels „Drag-and-Drop" Prozessabläufe darstellen lassen. Diese besitzen meist die im Prozessmanagement bekannte Form von „Flowcharts", also grafisch dargestellte und miteinander verbundene Prozessschritte.
- Auswahl-Listen mit einer Vielzahl vordefinierter Befehle. Anders als bei Nutzung von Programmiersprachen sind hier viele der später benötigten Befehle bereits vorhanden, wie das Öffnen und Bedienen von Tabellenblättern, das Ausführen von Mausklicks, etc.
- Rekorder, mit dem die Prozesse in ihrer Grundstruktur aufgezeichnet werden. Hierfür wird der Prozess durch einen Menschen ausgeführt, während alle Schritte aufgezeichnet werden. Diese bieten das anschließende Grundgerüst zur weiteren Bearbeitung durch den RPA-Entwickler.

Die relevanten Softwares unterscheiden sich zwar im Design, jedoch nur geringfügig in grundsätzlichen Funktionalitäten. So ist in einer Software eine logische Oder-Verzweigung im Prozessablauf als grafisches Objekt dargestellt, in einer anderen wird diese in Code-Form erfasst. Die relevanten Befehle und Handlungsschritte sind in den gängigen RPA-Softwares vordefiniert enthalten.

Weitere Bestandteile und Features der Softwares Eine RPA-Software sollte insbesondere folgende Bestandteile und Features aufweisen (vgl. Murdoch, 2018, Kap. „Choosing the right RPA platform/tool"):

Modularität
Modularität meint hier das Unterteilen entwickelter RPA-Artefakte in einzelne Module. Diese können in verschiedenen Artefakten, also in verschiedenen automatisierten Prozessen, wiederverwendet werden. Hierdurch lässt sich insbesondere im Zeitablauf die Komplexität der RPA-Implementierung deutlich reduzieren, womit auch eine entsprechende Geschwindigkeitserhöhung bei der Entwicklung neuer Artefakte erreicht wird.

„String Operations"
Hiermit lassen sich Texte durch die RPA-Software auf spezifische, gesuchte Textstellen hin durchsuchen.

„Variablenmanagement"
Ein RPA-Bot kann im Regelfall Daten einlesen, (zwischen-)speichern und einfügen. Dieser Vorgang des (Zwischen-)Speicherns läuft nicht immer gleich ab. So lassen einige Hersteller die Daten beispielsweise verschlüsselt zwischenspeichern.

Bedingungen, Schleifen u. a.
Einige RPA-Softwares bieten die Möglichkeit, Befehle wie Bedingungen, Schleifen, etc. in Form einer Programmierung zu integrieren – ähnlich einer konventionellen Programmierung.

Sicherheit und Fehlerhandling
Viele Anbieter garantieren mittlerweile hohe Sicherheitsstandards ihrer RPA-Softwares. So sind RPA-Softwares im Regelfall so ausgestaltet, dass diese keinerlei (negativen) Einfluss auf die bestehende IT-Landschaft nehmen.

RPA-Architektur Die oben beschriebene Komponente, in der die Entwicklung des RPA-Artefakts stattfindet (vgl. auch Abschn. 5.7), wird je nach Hersteller als „Studio", „Creator", „Designer" etc. bezeichnet. Neben dieser Komponente, in der die RPA-Entwickler arbeiten, beinhaltet die vollständige RPA-Architektur weitere Komponenten. Zum einen sind dies die eigentlichen Bots, auch als „Runner" bezeichnet, zum anderen eine zentrale Steuerungseinheit, zum Beispiel „Control Room" oder „Orchestrator" genannt.

Die Bots selbst führen die erstellten RPA-Artefakte aus, durchlaufen also die operativen Prozesse und sind damit die Komponente, die – bildlich gesprochen – den prozessausführenden Menschen ersetzt. Je mehr Bots parallel betrieben werden, desto wichtiger wird die zentrale Steuerungseinheit. Mit ihr lassen sich alle Bots steuern. Hierfür werden Auslastung und Performance überwacht, Prozesse unter den Bots verteilt, etc. Anhand eines beliebig gewählten Beispiels des RPA-Softwareanbieters Automation Anywhere (https://www.automationanywhere.com/) stellt Abb. 2.4 eine beispielhafte RPA-Architektur dar. Erfahrungsgemäß gleichen sich die Architekturen der Anbieter, auch wenn Bezeichnungen der Komponenten und einzelne Details voneinander abweichen. Es

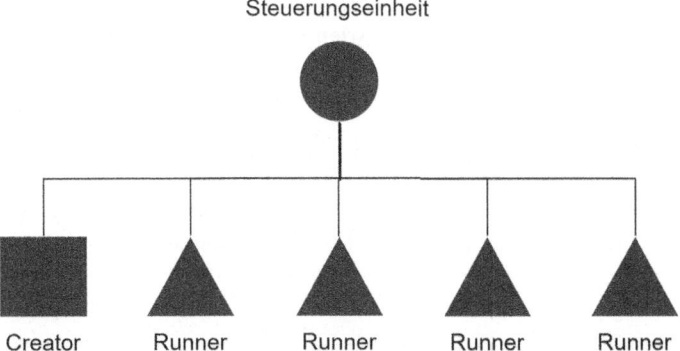

Abb. 2.4 Beispielhafte RPA-Architektur. (Eigene Darstellung, in Anlehnung an Automation Anywhere, 2018)

ist zu sehen, dass mittels der zentralen Steuerungseinheit alle anderen Komponenten gesteuert werden. Im Beispiel ist nur ein „Creator" zu sehen. Arbeiten mehrere RPA-Entwickler an RPA-Artefakten, werden hier entsprechend mehr Einheiten benötigt. Gleiches gilt für die „Runner", also die eigentlichen Bots. Je nach Bedarf können hier anstelle von vier Einheiten auch weniger oder mehr vorhanden sein.

Eingliederung der RPA-Architektur in die organisationsweite IT-Infrastruktur Wird über die technologischen Hintergründe von RPA gesprochen, wird ein wichtiger Teil häufig vernachlässigt: Die Eingliederung der RPA-Architektur in die gesamte IT-Infrastruktur der Organisation. Damit sich RPA ohne Schwierigkeiten in die bestehende IT-Infrastruktur integrieren lässt, sind verschiedene Dinge zu beachten, die im Folgenden detailliert erläutert werden (vgl. hierzu in Teilen auch Ganu (2018) und Murdoch (2018).

▶   Bereits vom ersten Moment an sollten die organisationseigenen Vorgaben im Hinblick auf die Integrierbarkeit von RPA in die eigene IT-Infrastruktur hin überprüft werden.

RPA und verschiedene Arten von Infrastruktur Viele moderne RPA-Softwares sind infrastruktur-unabhängig. Sie lassen sich auf Desktopumgebungen installieren, genauso können sie aber auch server-basiert installiert und betrieben werden. Auch virtuelle Infrastrukturen – in privaten oder öffentlichen Cloudumgebungen – sind problemlos mit RPA nutzbar. Ein beobachtbarer Trend in der Finanzwirtschaft geht hin zur Nutzung virtueller Umgebungen und teilweise sogar Cloudlösungen. Wird RPA auf virtuellen Servern installiert, ist in jedem Fall eine umfassende Prüfung der Zugriffsmöglichkeiten auf die zu bedienenden Anwendungen erforderlich, da es hier immer wieder zu Schwierigkeiten kommen kann, für die sich aber meist individuelle Lösungen finden lassen.

Aufbau unterschiedlicher Umgebungen Im Idealfall besitzen Organisationen der Finanzwirtschaft drei (parallel betriebene) Arten von Infrastruktur, sogenannte Umgebungen: Eine Entwicklungs-, eine Test- und eine Produktionsumgebung, auf welcher der Echtbetrieb durchgeführt wird. Im Rahmen der RPA-Implementierung bietet es sich an, alle drei Umgebungen zu nutzen. In diesem Fall gilt: Die Artefakt-Entwicklung erfolgt in der Entwicklungsumgebung. Das Testen der RPA-Artefakte erfolgt in der Testumgebung und der anschließende Betrieb der RPA-Bots in der Produktionsumgebung. Entsprechend werden in allen drei Umgebungen unterschiedliche Zusammenstellungen der in Abb. 2.4 dargestellten Komponenten einer RPA-Architektur benötigt.

Abb. 2.5 stellt die unterschiedlichen Zusammenstellungen beispielhaft dar. In der Entwicklungsphase ist eine zentrale Steuerungseinheit nicht immer erforderlich.[6] Dafür werden entsprechende Einheiten für die Artefakt-Entwicklung benötigt (hier „Creator"). Zur Durchführung von Entwicklertests bietet sich mindestens ein Bot an („Runner"). In der

---

[6] Je nach Software kann eine solche auch während der Entwicklung erforderlich sein.

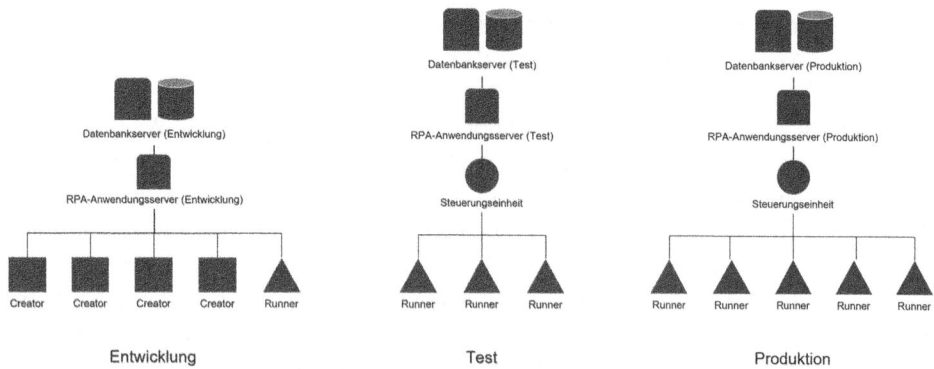

Abb. 2.5 Beispielhafte RPA-Architektur in Abhängigkeit der jeweiligen Umgebung. (Eigene Darstellung, in Anlehnung an Ganu (2018) und Automation Anywhere (2018)

Testumgebung steuert die zentrale Steuerungseinheit erstmals die Runner in der testweisen Prozessdurchführung. Die Creator kommen hier nicht mehr zum Einsatz. Die Produktionsumgebung ähnelt der Testumgebung, jedoch arbeiten hier im Regelfall mehr Runner parallel. Wie immer gilt: Anpassungen an den RPA-Artefakten, die vergleichbar sind mit Anpassungen an anderen Programmen, finden nur in der Entwicklungsumgebung statt und durchlaufen hiernach den organisationsintern definierten Weg von Entwicklungs-, über Test-, bis hinein in die Produktionsumgebung.

Besonderheit: Citrix Wird von „Citrix" gesprochen, sind hiermit im Regelfall das zentralisierte Hosting und der zentralisierte Betrieb von Anwendungen gemeint, die den einzelnen Clients als eine Art „Bild-Strom" zur Verfügung gestellt werden. Über den Client lässt sich dann von überall her auf diese Anwendungen zugreifen. Dabei handelt es sich lediglich um eine Art grafische Replikation der Anwendungen. Bildlich gesprochen: Der Anwender steuert zentrale Anwendungen und beobachtet diese dabei – auf seinem Desktop oder mobilen Endgerät – aus der Ferne.

Soll hier nun RPA eingesetzt werden, hilft eine Installation der Software auf einem der Clients nur sehr begrenzt weiter. Die einzige Möglichkeit besteht dann in der Verwendung von koordinaten-basierter Automatisierung – also Screen-Scraping –, was jedoch mit den vorher beschriebenen Nachteilen behaftet ist. Es können OCR-Komponenten genutzt werden, um Text, der hier ja tatsächlich auch nur als Bild vorliegt, auswert- und nutzbar zu machen (vgl. auch Murdoch, 2018, Kap. Robotic Process Automation Platforms]). Die Software-Anbieter liefern hier mittlerweile Lösungen, die zum einen direkt in die RPA-Software integriert sind und zum anderen bestmögliche Ergebnisse bei der Automatisierung unter Citrix liefern sollen. Versprechen in Form hoher Erfolgsquoten in der Automatisierung sind hier jedoch vorsichtig zu prüfen.

▷ Der ideale Weg führt über eine zentrale Installation der RPA-Softwares, dort wo auch die anderen Anwendungen gehostet werden.

2.3 Kostenreduktion, Qualitätssteigerung, Zeiteinsparung und mehr – die vielschichtigen Potenziale von RPA

Die zu findenden Nutzenpotenziale und Vorteile von RPA sind zahlreich. Werbeanzeigen versprechen massive Kosteneinsparungen und Qualitätsgewinne. Die Verlockung ist groß, einen schnellen Potenzialhebungsversuch zu starten und RPA unverzüglich in der eigenen Organisation zu implementieren. Zunächst empfiehlt es sich aber, die versprochenen Potenziale detailliert zu untersuchen, sie soweit wie möglich zu quantifizieren und kritisch zu hinterfragen. Der folgende Abschnitt unterscheidet vier Kategorien von Potenzialen durch RPA: Kosteneinsparungen, Qualitätssteigerungen, Zeiteinsparungen sowie die sonstigen Potenziale, die sich vielfach aus den drei erstgenannten ableiten lassen.

Kosteneinsparung Das Hauptargument für jede Prozessoptimierung und -standardisierung ist die Reduktion der Prozesskosten. Der nächste Schritt nach einer größtmöglichen Verschlankung und Standardisierung eines Prozesses ist dessen Automatisierung. Hiermit lassen sich oft (zusätzliche) Mitarbeiterkapazitäten reduzieren und durch (niedrigere) Kosten einer Automatisierung ersetzen. Automatisierungen auf Basis von BPM versprechen hierbei Einsparungen von bis zu 20 % (vgl. Schaffry, 2009). Eine Prozessoptimierung ist dann zielführend, wenn der Prozess grundsätzlich innerhalb der eigenen Organisation verbleibt. Eine Alternative hierzu ist das Auslagern des Prozesses, beispielsweise an einen externen Dienstleister. Dieser Ansatz ist bekannt als Business Process Outsourcing (BPO). Der Ansatz verspricht vergleichsweise Kosteneinsparungen im Bereich von 15 % bis 30 % (vgl. Tucci, 2015).

Verbleibt der Prozess innerhalb der eigenen Organisation und wird dieser mittels RPA automatisiert, steigen die genannten Kosteneinsparpotenziale teilweise um ein Vielfaches. Tab. 2.2 verschafft einen Überblick verschiedener Angaben und Schätzungen zu Kosteneinsparpotenzialen. Die Einsparpotenziale werden im Regelfall in %-Werten angegeben. Die Bezugsbasis variiert, meist sind dies die Prozesskosten vor Automatisierung oder äquivalente Kosten, zum Beispiel für eine Auslagerung des Prozesses. Vereinzelt wird außerdem ein Potenzial in Form der Einsparung von Mitarbeiterkapazitäten (MAK) bzw. Vollzeitäquivalenten (FTE, Full-Time-Equivalents) ausgewiesen. Dieses wird hier ebenfalls in %-Werte umgerechnet (eine Reduktion von zehn FTE, die sich in Vollzeit mit der Durchführung eines Prozesses beschäftigen, auf fünf FTE, entspricht folglich einer Einsparung von 50 %). Tab. 2.2 verwendet bewusst den Begriff „Einsparpotenziale" anstelle von „Kosteneinsparpotenziale". Der Grund: Eine Automatisierung durch RPA bedeutet grundsätzlich nicht, dass die vorher mit der Prozessdurchführung beschäftigten Mitarbeiterinnen und Mitarbeiter freigesetzt werden und für diese keine Kosten mehr anfallen. Vielmehr dient RPA dazu, sie von repetitiven, zeitintensiven Prozessen zu befreien, sodass anschließend mehr Kapazität für wertschöpfende Tätigkeiten vorhanden ist.[7]

---

[7] Dennoch rechnen die Teilnehmer der von Ostrowicz (2018, S. 24) durchgeführten Studie mit einem langfristigen Abbau von 18 % der FTE durch RPA (Zeithorizont zehn Jahre).

Tab. 2.2 Überblick über Angaben und Einschätzungen zu Kosteneinsparungen

Einsparung durch RPA	Quelle	Erläuterung/Bemerkung
Ca. 70 %	Willcocks et al. (2017, S. 25)	Optimierung und Automatisierung eines Prozesses im Bereich des Managements von Versicherungsverträgen.
66 %	Willcocks et al. (2017, S. 22)	Grundsätzlicher Schätzwert, dass ein RPA-FTE rund drei menschliche FTE ersetzt.
Bis zu 65 %	Willcocks und Lacity (2016, S. 49–50)	15–30 % zusätzliche Kosteneinsparung, verglichen mit Offshoring. Damit bis zu 65 % Kosteneinsparung gegenüber Onshore-FTE (jeweils Bezug nehmend auf Ergebnisse der Everest Group).
40 %–75 %	Tucci (2015) und Com-Magazin (2019)	Keine konkrete Fallstudie, unternehmensinterne Erfahrungswerte KPMG.
20 %–60 %	Com-Magazin (2019)	Verweis auf unternehmensinterne Erfahrungswerte von EY.
25 %	Ostrowicz (2018, S. 22)	Studienergebnis (n = 178).
25 %	Watson und Wright (2017, S. 8)	FTE-Reduktion durch Automatisierung von 50 Buchhaltungs- und Reporting-Prozessen.
Mind. 66 %	Lacity und Willcocks (2016, S. 31)	Fallstudie Telefónica O2. Es werden nur Prozesse automatisiert, die mindestens einem Vollzeitäquivalent von drei Beschäftigten entsprechen, was umgerechnet den Prozentwert links darstellt.
32 %–43 %	Otto und Longo (2017)	Verringerung FTE um durchschnittlich 43 % in Bestellprozessen und 32 % in Personalprozessen.
20 %–90 %	Schätzung der befragten Experten	Kosteneinsparung in %, bezogen auf die vorherigen Prozesskosten. Auffällig ist hier die große Spanne der Schätzungen. Diese belegt, wie unterschiedlich die Einschätzungen und eigenen Erfahrungen an dieser Stelle sind.
Ca. 30 %	Eigene Projekterfahrungen	Im Rahmen von Datenmigrationen durch RPA (vgl. hierzu auch Abschn. 8.2).
40 %–90 %	Eigene Projekterfahrungen	RPA in seiner erprobten Form – als Automatisierungstool für repetitive Prozesse.

Bei der oben beschriebenen Vorgehensweise und beim Lesen der Tab. 2.2 ist Vorsicht geboten. Eine Kosteneinsparung kann sich ausschließlich auf die eingesparten FTE beziehen. In diesem Fall ist sie vergleichbar mit den Prozentwerten eingesparter FTE. Umfasst sie – richtigerweise – auch sonstige Kosten (beispielsweise Kosten einer RPA-Governance, vgl. Kap. 6), so muss dies für eine Vergleichbarkeit berücksichtigt werden.

Oft fehlen die konkreten Bezugs- und Vergleichsgrößen der Einsparpotenziale, sodass sämtliche hier aufgeführten Werte nur unter Vorbehalt für die Schätzung von Einsparpotenzialen verwendet werden sollten. Den reinen Einsparpotenzialen aus dem Einsatz von RPA in Prozessen stehen folgende Aufwände gegenüber: Lizenzkosten für die RPA-Software, initiale Kosten für die Automatisierung eines Prozesses und laufende Betriebskosten (vgl. hierzu auch Abschn. 5.3). Bei Blick auf die Bezugsgröße für den Vergleich kann sich das Einsparpotenzial auf die bisherigen Prozesskosten vor Automatisierung beziehen, auf diese wiederum können Gesamtkosten umgelegt sein, es können Einsparpotenziale vergleichbarer Technologien als Bezugsbasis verwendet werden, etc.

Grundsätzlich gilt: Mit zunehmendem Umfang des RPA-Einsatzes, also mit einer zunehmenden Anzahl automatisierter Prozesse, steigen auch die Kosten für RPA-Steuerung, -Betrieb etc. Gleichzeitig verringern sich Aufwände für die Umsetzung neuer Automatisierungen, es lassen sich Erfahrungskurveneffekte generieren. Dies führt in Summe dazu, dass die prozentuale Kosteneinsparung durch RPA je nach Umfang des organisationsweiten RPA-Einsatzes variieren kann – nach oben wie nach unten.

▶   Ein auf Basis der Tab. 2.2 festzulegender, realistischer Wert ist ein (Kosten-) Einsparpotenzial von durchschnittlich 25 % durch RPA für entsprechende Prozesse. Dieser im Verhältnis eher niedrige Wert deckt sich auch mit den meisten Einschätzungen der befragten Experten.

Nicht nur die absoluten Kosteneinsparpotenziale sind relevant. Auch der Zeitraum für ihre Realisierung bedarf einer weiterführenden Betrachtung. Ob sich die Investitionskosten in eine neue Technologie beziehungsweise die Automatisierung eines Prozesses schon nach wenigen Monaten oder erst nach vielen Jahren amortisieren, hat im Regelfall großen Einfluss auf die entsprechende Investitionsentscheidung. Die Amortisationsdauer, also die Zeit, in der das eingesetzte Kapital in Form von Einsparungen durch geringere Prozesskosten der Bots wieder „zurückfließt" beziehungsweise dann schlussendlich vollständig zurückgeflossen ist, ist bei RPA meist sehr gering. So liegt diese laut Watson und Wright (2017, S. 4) bei rund 11,5 Monaten, unter Berücksichtigung aller relevanten Kosten.

▶   Somit rentieren sich RPA-Automatisierungen im Regelfall bereits innerhalb des ersten Laufzeitjahres nach ihrer Implementierung.

Qualitätssteigerung Neben einer Kostenreduktion ergeben sich durch die Automatisierung mit RPA weitere Nutzenpotenziale. Eines ist die Möglichkeit von Qualitätssteigerungen in der Prozessbearbeitung. Menschliche Prozessbearbeitung, besonders bei häufigen, repetitiven Tätigkeiten, ist fehleranfällig. Die Prozessbearbeitung durch Bots hingegen nicht – sofern diese richtig konfiguriert und die RPA-Artefakte korrekt entwickelt sind. Unsystematische Fehler – also durch menschlichen Irrtum entstehende – werden durch RPA ausgeschlossen. Systematische Fehler hingegen nicht, was ein nicht zu vernachlässigendes Risiko birgt. So kann eine fehlerhafte Programmierung, die bis zum RPA-Rollout nicht auffällt, schnell große Volumina fehlerhafter Prozessergebnisse nach sich ziehen.

▶   Praxiserfahrungen zeigen, dass das Risiko systematischer Fehler von Entscheidern besonders gravierend eingeschätzt wird. Umso wichtiger ist ein weitestmögliches Ausschließen dieses Fehlertyps durch umfangreiche Vorarbeit und entsprechende Tests (vgl. Abschn. 5.6 und 5.8).

Insbesondere Anwendungsfälle wie die Erfassung von Umsatzdaten, Wertpapierkauf- und Verkaufsaufträge u. ä. besitzen eine Null-Fehler-Toleranz. Hier kann RPA die Prozess- beziehungsweise Ergebnisqualität positiv beeinflussen.

Zeiteinsparung Eng mit der Kostenreduktion geht die mögliche Zeiteinsparung durch RPA einher. Die beiden bedingen sich oft gegenseitig. Reduziert sich die Prozessbearbeitungszeit, sinken durch die geringeren gebundenen Kapazitäten und (IT-)Ressourcen im Regelfall auch die Prozesskosten. Dennoch kann auch eine Zeiteinsparung für sich genommen einen Vorteil bedeuten. Grade in Prozessen, in denen der (externe) Kunde direkt oder indirekt involviert ist, kann eine Geschwindigkeitssteigerung Wettbewerbsvorteile generieren und die Kundenzufriedenheit erhöhen. Dies gilt nicht nur für externe Kunden, also Kunden der Organisation im eigentlichen Sinne. Auch prozessbeteiligte oder -auslösende interne Bereiche gelten als Kunden und haben als Abnehmer der Leistung eines anderen Bereichs ebenfalls die Erwartung einer hohen Prozessgeschwindigkeit. RPA trägt hier maßgeblich zu einer Steigerung der Prozessgeschwindigkeit bei. Durch die Möglichkeit der Zeiteinsparung lassen sich vereinbarte Bearbeitungszeiten – beispielsweise in Form von „Service-Level-Agreements", SLAs – einhalten. So führt das IRPA (2016) eine Fallstudie auf, in der durch eine RPA-bedingte Zeiteinsparung von 82 % eine volle Einhaltung des relevanten SLAs ermöglicht werden konnte.

Geschwindigkeit des RPA-Bots
Vor dem Beginn einer RPA-Implementierung wird regelmäßig die Frage gestellt, wie schnell der Bot den Prozess am Ende ausführen wird. Seine Geschwindigkeit hängt dabei von Einflussfaktoren ab, die nur in Teilen beeinflussbar sind: Durch Prozessanpassungen und -optimierungen lassen sich Geschwindigkeitsvorteile für den Bot generieren. Eine vernünftige Konfiguration der RPA-Artefakte ist ebenso wichtig. Dennoch sind die Bots vollständig abhängig von der Geschwindigkeit (also auch den „IT-Response-Zeiten") der durch sie bedienten Anwendungen. Reagieren diese langsam, was zum Beispiel bei Web-Anwendungen oft der Fall ist, kann auch der Bot nur langsam arbeiten. Auch können belastungsbedingte Performanceschwächen der Anwendungen und Systeme zu Verzögerungen führen, die auch den Bot betreffen, beispielsweise zu Stoßzeiten, in denen viele Anwender arbeiten.

Beispiel

Die Kunden einer Bank können online ihr Kontomodell wechseln. Hierfür erfassen sie einen Auftrag in einer Eingabemaske innerhalb ihres Online-Bankings. Bislang wurden die hieraus generierten Aufträge im Backoffice der Bank manuell bearbeitet. Da alle erforderlichen Daten bereits durch den Kunden erfasst werden und somit digital vorliegen (vgl. zu den RPA-Prozessauswahlkriterien Abschn. 5.3), muss die Bearbeitung jedoch nicht notwendigerweise manuell erfolgen. Durch den Einsatz von RPA ist künftig eine sofortige, automatisierte Weiterbearbeitung des Kundenauftrags möglich.

Neben Kosteneinsparungen und einer Qualitätssteigerung, reduziert sich insbesondere die Bearbeitungszeit von mehreren Tagen auf wenige Minuten. Der Kunde erhält innerhalb kürzester Zeit nach Beauftragung eine automatisierte Bestätigung über die erfolgreiche Umsetzung seines Auftrags per Email. Im Ergebnis ein kundenseitig stark positiv wahrgenommener Nutzenzuwachs und ein Wettbewerbsvorteil für die Bank. ◀

Reduktion von Compliance- und operationellen Risiken   Neben den drei zuvor genannten Nutzenpotenzialen ergeben sich aus der Nutzung von RPA weitere positive Auswirkungen, die sich in ihrem Ursprung auf die drei vorstehenden Potenziale zurückführen lassen. Eines ist die Möglichkeit Compliance-Risiken zu reduzieren. Beschäftigt sich ein Finanzdienstleistungsunternehmen erstmalig mit RPA, so werden zunächst häufig Bedenken geäußert, insbesondere in Bezug auf das Generieren möglicher Compliance-Risiken: Zugriffsrechte der Bots, mögliches ungewolltes Umgehen (regulatorisch vorgegebener) interner Prozesskontrollen und einige mehr. All diesen Bedenken kann angemessen begegnet werden, wie im weiteren Verlauf gezeigt wird. Mehr noch: Anstatt Compliance-Risiken zu generieren, hilft RPA häufig bei ihrer Beseitigung. Ein einmal vorgabenkonform entwickeltes und vor Veränderungen geschütztes RPA-Artefakt kann nicht unabsichtlich oder unbemerkt verändert werden. Missbrauchshandlungen sind hiermit deutlich eingeschränkt. Zusätzlich werden jeder Schritt und jede Systemeingabe des Bots dokumentiert (meist sowohl innerhalb der Zielanwendungen als auch zusätzlich in einer RPA-eigenen Dokumentation) und sind damit vollumfänglich durch Dritte prüfbar (vgl. Lacity und Willcocks, 2016, S. 30).

Ähnliches gilt für operationelle Risiken, also solche, die außerhalb der eigentlichen unternehmerischen Tätigkeit liegen. Dies sind beispielsweise menschliche Fehler, Systemfehler oder Fehler innerhalb der internen Abläufe. Grade in der Finanzwirtschaft stellen operationelle Risiken eine bedeutende Risikokategorie dar. Durch die deutliche Erhöhung der Prozessqualität bei einem Einsatz von RPA sinken die potenziellen operationellen Risiken. Dies kann sich langfristig sogar in einer reduzierten Anforderung an die zu unterlegenden Eigenmittel widerspiegeln.

Reduktion der Time-to-Market   RPA kann die Time-to-Market drastisch reduzieren. Während der Markt zunehmende Flexibilität und Geschwindigkeit in allen Handlungen fordert, dauert die Anpassung bestehender Prozesse an neue Anforderungen oft noch relativ lange. RPA kann hier schnelle Lösungen zur Anpassung der Prozesse an neue Gegebenheiten liefern. Für neue Prozesse ist RPA eher selten das erste Mittel der Wahl. Hier sollte der Weg über die direkte Automatisierung im Rahmen einer Anwendungsentwicklung oder geschickter Definition des Prozessworkflows versucht werden. Doch insbesondere die Anwendungsentwicklung oder IT-seitige Anpassung von Anwendungen kann Zeit kosten. Insofern kann RPA selbst hier eine Möglichkeit zur drastischen Reduktion der Time-to-Market bieten. Hier ist jeder Einzelfall zu prüfen und zu bewerten.

Entlastung der IT RPA kann eine Entlastung für die IT bieten. IT-seitige Prozessanpassungen besitzen – sofern es sich um Prozessoptimierungen und damit „Kann-Anpassungen", statt eine Umsetzung von „Muss-Anpassungen" handelt – meist eine niedrige Priorität. Dies kann die Dauer bis zu einer an sich sinnvollen IT-seitigen Prozessanpassung nochmals erhöhen. Auch hier bietet RPA eine Alternative, in dem die IT nur noch die Infrastruktur für die Software-Lösung bereitstellen muss. Wie oben schon erläutert, gilt auch hier in Bezug auf Sicherheit und Compliance: RPA nutzt bereits bestehende, konfigurierte Anwendungen und Prozesse. Hierfür fällt kein zusätzlicher Aufwand an. Es ist sichergestellt, dass sämtliche Prüf- und Sicherheitsvorkehrungen eingehalten werden – so wie diese auch einen Menschen prüfen oder einschränken.

Sammeln von Informationen und Daten RPA birgt das Potenzial, deutlich mehr Informationen aus bestehenden Prozessen zu generieren, als es ohne einen Technologieeinsatz möglich wäre. So zitieren Watson und Wright (2017, S. 6) die Mitarbeiterin einer schweizerischen Großbank, die RPA vor dem Hintergrund dieser Zielsetzung einsetzt. Das frühe Sammeln von Daten schafft hierbei die Grundlage für einen eventuellen, späteren Einsatz kognitiver und selbstlernender Systeme.

Produktivitätssteigerung Wird von Produktivitätssteigerung gesprochen, meint dies zunächst die Generierung von mehr Output je investierter Inputeinheit. Dies lässt sich über verschiedene Wege erzielen. So können insbesondere effizientere Prozesse zu einer solchen Produktivitätssteigerung führen. Effizientere Prozesse lassen sich wiederum durch Optimierung und Automatisierung und damit auch durch RPA erreichen (vgl. auch Willcocks und Lacity (2016, S. 50).

Kundenzufriedenheit Viele der vorstehenden Nutzenpotenziale steigern schlussendlich auch die Kundenzufriedenheit. Insbesondere eine mögliche Zeitreduktion unterstützt dies. Willcocks und Lacity (2016, S. 50) führen die Kundenzufriedenheit deshalb als separates, da relevantes Nutzenpotenzial von RPA auf.

Mitarbeiterzufriedenheit Neben der Kundenzufriedenheit besitzt RPA auch das Potenzial, die Mitarbeiterzufriedenheit in relevantem Maße zu steigern. Die Entlastung der Mitarbeitenden erfolgt insbesondere in produktiven Routinetätigkeiten, teilweise sogar in unproduktiven Aufgaben. Rund 25 % der täglichen Arbeitszeit können durch eine Automatisierung (mit RPA) für andere Tätigkeiten nutzbar gemacht werden (vgl. Bornet et al. 2020).

Erwartungen an RPA: Ein Abgleich von Soll und Ist Watson und Wright (2017, S. 11) haben bereits vor einigen Jahren (hier 32) Teilnehmer ihrer Studie gefragt, ob deren unterschiedliche Erwartungen an RPA getroffen, übertroffen oder nicht getroffen wurden. Insbesondere hinsichtlich einer verbesserten Compliance und gefolgt von verbesserter Qualität wurden die Erwartungen vielfach übertroffen, in nahezu allen Fällen aber mindestens getroffen und nur in ca. 10 % der Fälle nicht getroffen. In 86 % der Fälle hat RPA zur erwarteten Produktivitätsverbesserung geführt oder die Erwartungen sogar übertroffen. Anders sieht es bei den Kosteneinsparungen aus. Wenngleich in etwas mehr als 60 % der Fälle die Erwartungen getroffen oder übertroffen wurden, ist RPA in fast 40 % der Fälle hinter den Erwartungen an eine Kosteneinsparung zurückgeblieben. Ob der Grund hierfür tatsächlich zu hohe Implementierungs- oder Betriebskosten sind, oder aber die anfänglichen Erwartungen an gerade dieser Stelle schlichtweg zu hoch waren, bleibt unbeantwortet.

Auffällig: In mehr als 60 % der Fälle bleibt die Implementierungsgeschwindigkeit von RPA hinter den Erwartungen zurück. Dies könnte ein Indikator dafür sein, dass RPA noch zu häufig als „schnelle Lösung" angepriesen wird und erst im Rahmen der Implementierung die Erkenntnis folgt, dass auch hier viele Dinge vorbereitet und berücksichtigt werden müssen und entsprechende Zeit benötigen.

Eine 2021 von der IDG durchgeführte Studie nennt die Prozessanpassung und -entwicklung im Rahmen von RPA-Projekten als aktuell größte Herausforderung, genauso den Produktivbetrieb der RPA-Prozesse (vgl. IDG 2021)

Viele der hier zitierten Studienergebnissen bieten Ansatzpunkte für weitere wissenschaftliche Untersuchungen und für eine intensive Beschäftigung in der Praxis. Wichtig: Das vorliegende Buch greift die vorbereitenden Maßnahmen, als Grundlage für eine effiziente RPA-Einführung, im weiteren Verlauf auf und versucht möglichen o. g. Herausforderungen lösungsorientiert zu begegnen.

Automatisierungspotenzial Eine regelmäßige Frage künftiger RPA-Nutzer lautet, wie groß das Automatisierungspotenzial durch RPA ist. Diese Frage muss zunächst differenziert betrachtet werden. Zunächst kann sich das Automatisierungspotenzial in diesem Zusammenhang auf das Potenzial je Prozess beziehen. Hier ist die Frage zu konkretisieren: Wie groß ist der Anteil eines Prozesses (in Prozent), der mit RPA automatisiert werden kann? Oder aber: Wie hoch ist die Erfolgsquote einer Prozessautomatisierung – wie viele Prozessdurchläufe konnten tatsächlich automatisiert werden? Dritte mögliche Bezugsgröße ist der Anteil automatisierbarer Prozesse an der Gesamtzahl aller vorhandener Prozesse. Hier lautet die richtige Fragestellung: Wie groß ist der Anteil aller automatisierbaren Prozesse (in Prozent)? Abb. 2.6 zeigt die Perspektiven im Überblick.

Die erste Frage lässt sich pauschal nicht beantworten. Diese ist grundsätzlich abhängig von der individuellen „Prozesslandkarte", aber auch der „Anwendungslandkarte" der jeweiligen Organisation. Laufen die meisten Prozesse innerhalb eines einzelnen Systems ab, ist das Potenzial für eine Automatisierung mit RPA bei diesen Prozessen tendenziell geringer, als wenn diese überwiegend systemübergreifend stattfinden. Der Grund: Innerhalb einer Anwendung ist eine Automatisierung meist einfacher durch entsprechende technische Entwicklungsarbeit umsetzbar, als durch eine Automatisierung mit RPA – also über

Wie groß ist der Anteil eines Prozesses,
der mit RPA automatisiert werden kann?

Wie hoch ist die Erfolgsquote einer Prozessautomatisierung?   Wie groß ist der Anteil aller automatisierbaren Prozess
an der Gesamtzahl aller Prozesse?

Abb. 2.6 Überblick unterschiedlicher Perspektiven. (Eigene Darstellung)

die Benutzeroberfläche.[8] Findet der Prozess hingegen systemübergreifend statt, so besitzt dieser tendenziell deutlich mehr Potenzial für den Einsatz von RPA.

Die zweite Frage kann quantitativ beantwortet werden. Die Ergebnisse einer Automatisierung lassen sich im Regelfall immer dezidiert auswerten, beispielsweise durch die Anzahl erfolgreicher Prozessdurchläufe. Hieraus lässt sich ein Automatisierungspotenzial für ähnliche Prozesse ableiten.

Die dritte Frage bezieht sich auf die Gesamtzahl der Prozesse innerhalb der Organisation. Sie zielt auf den Anteil automatisierbarer Prozesse an der Gesamtzahl aller Prozesse ab. Hierbei ist zu unterscheiden, ob ein automatisierbarer Prozess nur zu einem Teil oder voll automatisiert wird. Auch Teilautomatisierungen können berücksichtigt werden.

In einschlägiger Literatur beziehungsweise Studien werden die Fragestellungen nicht immer unterschieden (vgl. beispielsweise Ostrowicz 2018). Diese Unschärfe ist aber hier nicht weiter problematisch. Schlussendlich münden zumindest die Ergebnisse der ersten und dritten Fragestellung in einer ähnlichen Gesamtaussage, sofern die erste Frage für jeden Prozess gestellt wird und die Ergebnisse hieraus zusammengezogen werden.

Hier soll zunächst die zweite Fragestellung fokussiert und beantwortet werden: Wie hoch sind die Erfolgsquoten von Prozessautomatisierungen mit RPA? Willcocks et al. (2017, S. 23) nennen hier erzielte Erfolgsquoten von bis zu 93 %. Der hierbei vorher festgelegte Zielwert lag bei 80 %. Almato (2019) sprechen von bis zu 97 % Automatisierungsquote. Auch andere, noch aktuellere Erfahrungswerte aus RPA-Projekten zeigen, dass Automatisierungsquoten von mehr als 80 % problemlos erzielbar sind. Eine Quote von 100 % ist im Regelfall jedoch nicht erreichbar. Im Zeitablauf entstehen immer wieder Konstellationen, die ein Abweichen vom eigentlich vollständig regelbasierten Prozessablauf erforderlich machen. Diese können vorhersehbar sein – zum Beispiel Sonderfälle – oder aber unerwartete Ausnahmen darstellen. Spätestens dann ist menschliches Eingreifen erforder-

---

[8] Dies gilt natürlich nur dann, wenn die jeweilige Organisation in alle beteiligten Anwendungen beziehungsweise deren Programmcodes eingreifen kann. Bei zentralisiert für mehrere Institute bereitgestellten Anwendungen ist das oftmals schwierig. Hier kann auch die Prozessautomatisierung mit RPA innerhalb einer Anwendung zielführend sein. Gute Beispiele sind Listenbearbeitungen, zum Beispiel Überziehungslisten, die nach „hart" vorgegebenen Kriterien bearbeitet werden.

lich. Die Quote ist außerdem abhängig von der Komplexität des Prozesses und von der zur Automatisierung zur Verfügung stehenden Zeit beziehungsweise Ressource.

▶ Als Faustformel gilt: Je komplexer der Prozess, desto mehr Aufwand (also mehr Zeit mit gleicher Ressource oder mehr Ressource innerhalb gleichbleibender Zeit) ist erforderlich, um die Automatisierungsquote zu erhöhen (siehe hierzu auch Abschn. 5.7).

Die dritte oben genannte mögliche Bezugsgröße ist der Anteil automatisierbarer Prozesse an der Gesamtzahl aller vorhandener Prozesse – also der Anteil automatisierbarer Prozesse am gesamten „Prozesspool" der Organisation. Dieser Prozesspool lässt sich weiter unterteilen in die Prozesse einzelner Organisationsbereiche oder – bei einer eher prozessorientierten Aufbau- und Ablauforganisation – in (bereichsübergreifende) Prozessgruppen. Auch hier gilt: Konkrete Aussagen sind immer von den individuellen Rahmenbedingungen abhängig zu machen. Grobe Schlüsse auf bestimmte Prozessbereiche lassen sich aber dennoch ziehen. So bieten insbesondere die für die Finanzwirtschaft relevanten Bereiche Reporting, Meldewesen, Finanzen, Controlling, aber auch die IT nach Einschätzung der Studienteilnehmer in Ostrowicz (2018, S. 12) besonders hohe Automatisierungspotenziale (vgl. auch Abschn. 3.1). Willcocks und Lacity (2016, S. 49) sprechen von einer Automatisierungsquote von 35 % in den Backoffice-Bereichen der von Ihnen untersuchten RPA-anwendenden Unternehmen – diese jedoch branchenübergreifend. Erfahrungsgemäß gilt diese Quote auch für die Backoffice-Bereiche der Finanzwirtschaft, je nach Tätigkeitsschwerpunkt und organisatorischem Aufbau des Instituts liegt diese sogar noch höher.

Weitere zukünftige Potenziale für RPA ergeben sich aus der Kombination mit anderen Technologien, insbesondere den in Abschn. 2.1 aufgeführten. So gehen die Studienteilnehmer in Ostrowicz (2018, S. 23) von einem zusätzlichen Automatisierungspotenzial in Höhe von 23 % und 22 % durch die Erweiterung von RPA durch Kognitive Automatisierungslösungen und die Einbindung digitaler Assistenten aus.

Wo Vorteile, da auch Nachteile Wenngleich vielfach vorteilhaft, kann die Nutzung von RPA auch große Herausforderungen oder gar Nachteile mit sich bringen. Einige Herausforderungen lassen sich verhältnismäßig einfach bewältigen oder sind vergleichbar mit den Herausforderungen, die auch bei der Automatisierung durch „invasives" Anpassen der Anwendung (also eine (Um-)Programmierung der Anwendung selbst) entstehen. Andere hingegen nicht.

Bots müssen installiert, aktualisiert und gesteuert werden. Fehler und plötzliche Systemabbrüche müssen ein adäquates Management erfahren. Hierfür sind Ressourcen einzuplanen und vorzuhalten, oft in Form von Beschäftigten aus den IT- oder Organisationsbereichen. Insbesondere bei der übergreifenden Automatisierung mehrerer Anwendungen können viele unterjährige Anpassungen oder zumindest Prüfungen der automatisierten Prozesse erforderlich werden. So führen Releases der Kernbanksysteme, der Büroanwendungen oder der CRM-Systeme zu Anpassungsbedarfen des automatisierten Prozesses.

Auch wenn vielfach anderes behauptet wird: Im Gegensatz zur Nutzung von Schnittstellen ist RPA in aller Regel die instabilere Lösung. Schnittstellen dienen einer vollständigen Systemintegration. Anders als bei RPA, spielt die grafische Benutzeroberfläche hier keine Rolle. Letztere ist meist instabiler beziehungsweise „volatiler", als eine „echte" Schnittstelle. Besteht eine Auswahlmöglichkeit unter gleichen Alternative (Aufwand und Umsetzungsdauer) und sprechen keine anderweitigen Faktoren hiergegen, sollte wohl in den meisten Fällen die Automatisierung via Schnittstelle der Automatisierung mit RPA vorgezogen werden. Aufgrund der vorstehenden Herausforderungen bezeichnen einzelne Autoren RPA als Rückschritt auf dem Weg zu einer modernen und agilen IT-Landschaft (vgl. Rücker, 2018). Diese Auffassung wird hier und inzwischen auch grundsätzlich weitgehend nicht geteilt.

▶   RPA ist weder ein Rückschritt noch der alleinige Weg hin zu einer modernen
     und agilen IT-Landschaft. Vielmehr ist RPA ein Werkzeug, welches – geschickt
     und an den richtigen Stellen eingesetzt – Agilität und schnelle Veränderungs-
     möglichkeiten mit sich bringt und eine moderne IT-Landschaft hiermit ergänzt.

Immer wieder ist zu hören, dass RPA Entscheider dazu verleiten würde, auf umfangreiche Modernisierungen ihrer Altsysteme („Legacy-Systems") zu verzichten und den vermeintlich schnelleren Weg über RPA zu suchen (vgl. z. B. Freund, 2019). In Teilen ist dieses Argument nicht unbegründet. RPA darf auch in der Finanzwirtschaft nicht als Ersatz für erforderliche Erneuerungen der zugrunde liegenden Anwendungen und Systeme genutzt werden. Hier hilft erneut der Blick auf RPA als Technologie, die wie ein Mensch über die Benutzeroberfläche agiert und in allen Bereichen – insbesondere den „Fähigkeiten" und auch Antwort-/Laufzeiten – vollumfänglich von den automatisierten Anwendungen abhängig ist. Folglich ersetzt RPA keineswegs die laufende Aktualisierung der eigenen Systeme und Anwendungen. Wie oben erläutert gilt jedoch: Bei der Verbesserung der Time-to-Market, einer schnellen Anpassung von Prozessen, dort wo Markt und Kunde es fordern, und an vielen weiteren Stellen kann RPA wertvolle Unterstützung liefern.

Hindernisse bei der RPA-Implementierung Otto und Longo (2017) untersuchen in ihrer Studie unter anderem Hindernisse bei RPA-Implementierungen. Die wesentlichen sind (vgl. hier Lüth, 2018):

1. Sicherheitsbedenken (54 %)
2. Hindernisse im Bereich Governance, Risk und Compliance (35 %)
3. Organisationspolitische Widerstände (33 %)
4. Fehlende Rückendeckung durch die Führungsebene (30 %)

Kap. 7 greift diese und andere Hindernisse auf, beschäftigt sich noch einmal detailliert mit ihnen und zeigt, wie sie durch entsprechende Maßnahmen zu Erfolgsfaktoren umgekehrt werden können.

Strategische Entscheidungen vor einer RPA-Implementierung und während des RPA-Betriebes

Bei allen Nutzenpotenzialen von RPA, gilt es für das Management einige richtungsweisende Entscheidungen zu treffen und Grundsätze festzulegen, bevor die finale Entscheidung für RPA fallen sollte. Diese Entscheidungen finden auf strategischer Ebene statt. Es ist festzulegen, welche konkreten Ziele mit dem Einsatz von RPA überhaupt erreicht werden sollen. Nicht immer werden solche strategischen Entscheidungen vor Beginn der Implementierung getroffen. Immer wieder lässt sich beobachten, dass RPA implementiert und Prozesse mit RPA automatisiert werden, bevor die Frage gestellt wird, welche konkreten Ziele – auf Gesamtorganisationsebene – hiermit überhaupt verfolgt werden. Es ist zu erahnen, dass dies nicht der effizienteste Weg ist.

Eine praktikable Möglichkeit, um die strategische Zielsetzung bei der Implementierung von RPA zu unterstützen, ist das Festlegen auf einzelne oder mehrere Nutzenpotenziale von RPA. So kann es zum Beispiel strategische Zielsetzung sein, möglichst große Kosten durch RPA einzusparen beziehungsweise eine möglichst hohe Entlastung der Beschäftigen zu erreichen. In anderen Organisationen steht hingegen die Zeitreduktion im Fokus, um die Anfragen interner oder externer Kunden schneller bedienen zu können. Wieder andere setzen Qualitätsziele in den Mittelpunkt ihrer RPA-bezogenen strategischen Ausrichtung oder nutzen RPA zur Etablierung erweiterter Kontrollroutinen, um zum Beispiel Compliance-Anforderungen einzuhalten. Wird eines der letzteren Ziele verfolgt, resultiert hieraus eine andere Vorgehensweise bei der Bewertung von RPA im Allgemeinen und der Auswahl von Prozessen im Besonderen. So können Gesamt-RPA-bezogene oder prozessindividuelle Business Cases hier durchaus negativ sein, wenn der Blick nicht auf die möglichen Kosteneinsparungen gelegt wird.

Auch während des laufenden RPA-Betriebes – also dann, wenn RPA bereits implementiert worden ist – lohnt sich das fortwährende Überprüfen und eventuelle Neuausrichten der gesetzten strategischen Ziele und Prioritäten. Watson und Wright (2017, S. 6) haben die (hier 424) Teilnehmer ihrer Studie zu deren aktuellen strategischen Prioritäten in Bezug auf den Einsatz von RPA befragt. 35 % der Teilnehmer fokussieren sich auf die kontinuierliche Verbesserung des eigenen RPA-Betriebes. 24 % setzen sich zum Ziel, den Automatisierungsgrad in der eigenen Organisation zu erhöhen. Immerhin 8 % möchten die RPA-Governance und den RPA-Betrieb verbessern.[9] Mit Blick auf die strategischen Ziele des RPA-Einsatzes selbst stehen bei rund jeweils der Hälfte aller Befragten die Beschleunigung von Prozessen und die Kostenreduktion im Fokus. Hier auch spannend: Ebenfalls fast die Hälfte der Befragten möchte mithilfe automatisierter Abläufe mehr über die eigenen Kunden erfahren (vgl. IDG, 2021).

▶   Zwei weitere Aspekte sind von besonderer Relevanz und sollten möglichst frühzeitig geklärt werden: Zum einen die Frage nach der organisatorischen Zuordnung von RPA, also der Verantwortlichkeit für die Technologie innerhalb der Organisation

---

[9] Vgl. zur RPA-Governance auch Kap. 6.

(siehe auch RPA-Governance). Zum anderen die Auswahl der passenden RPA-Software. Ist erstmal eine Software ausgewählt, installiert und für erste produktive Prozesse im Einsatz, so ist ein späterer Wechsel auf eine andere Software/einen anderen Anbieter nur schwer bzw. unter großem Zeit- und Ressourceneinsatz möglich.

2.4 RPA im Kontext des Prozessmanagements

RPA zählt zu den Technologien, die eine schnelle Hebung von Kosteneinsparpotenzialen und die Generierung weiterer Vorteile versprechen. Dies führt dazu, dass eine Automatisierung mit RPA in der Praxis häufig allzu schnell umgesetzt wird, ohne vorher entsprechende Rahmenbedingungen zu schaffen. Rahmenbedingungen können insbesondere die vorherige differenzierte Prozessauswahl, eine Prozessoptimierung oder ein dauerhaftes Prozesscontrolling im Anschluss an die Automatisierung sein. Abschn. 5.6 wird noch explizit auf die Schritte des Prozessmanagements eingehen, die für eine erfolgreiche Automatisierung erforderlich sind. Dennoch soll bereits an dieser Stelle eine Einordnung von RPA in den Kontext des Prozessmanagements erfolgen. Es stellen sich insbesondere Fragen, mit welchen Funktionen des Prozessmanagements RPA in Berührung kommt, wie ein etabliertes Prozessmanagement die Einführung von RPA unterstützen kann, und inwieweit RPA ein übergreifender, immer anwendbarer Automatisierungsansatz oder doch nur ein Instrument unter vielen anderen des Prozessmanagements ist.

Ergebnisse der Experteninterviews
Die durchgeführten Experteninterviews bestätigen die Annahme, dass die explizite Einordnung von RPA in den Kontext des Prozessmanagements für eine erfolgreiche Implementierung der Technologie sinnvoll und notwendig ist. André Meyer, Business Analyst/S-Servicepartner Deutschland GmbH, sieht in RPA ein opportunes Werkzeug für eine industriellere Ausrichtung des eigenen Prozessmanagements. Das Prozessmanagement orientiert sich durch die Möglichkeit einer RPA-Automatisierung stärker an industriellen Herangehensweisen, die beispielsweise im Prozessdesign auf eine besonders hohe Standardisierung setzen. Nutzen auch Finanzdienstleister eine solche Herangehensweise, erhöht dies die spätere Automatisierbarkeit der Prozesse.

Nach Einschätzung der Experten kann RPA dabei unterstützen, den Weg von einem eher dokumentarisch arbeitenden, hin zu einem proaktiv agierenden Prozessmanagement zu beschreiten. RPA unterstützt hierbei durch das begleitende Erfordernis, Prozesse explizit auf ihre Automatisierungsfähigkeit hin zu analysieren und ggf. entsprechend anzupassen.

Eine weitere Meinung ist, dass das Prozessmanagement in der Finanzwirtschaft oftmals einen zu großen Abstraktionsgrad besitzt, um sich detailliert mit einer stark operativ ausgerichteten Technologie wie RPA zu beschäftigen. Deshalb kann RPA nur im Sinne eines „Bottom-Up-Ansatzes" von den Fachbereichen oder der IT her angetrieben werden, während das Prozessmanagement auf Gesamtorganisationsebene die übergeordneten Rahmenbedingungen schafft.

Definition Business Process Management und Einordnung von RPA in das Konzept Seit den Anfängen des Denkens in „Wertschöpfungsketten" und Prozessen, geprägt u. a. durch die Arbeiten von Michael E. Porter („Competitive Advantage") und Peter Drucker in den USA, diente das Prozessmanagement zur Optimierung von Organisationen im

Hinblick auf Effizienz und Qualität. Zunächst entwickelt und eingesetzt im verarbeitenden Gewerbe und bekannt geworden insbesondere durch die Automobilindustrie als Vorreiter, übernahmen sukzessive auch Dienstleistungsunternehmen die Management-Methoden zur Aufnahme und Beschreibung, Analyse und Optimierung von Prozessen sowie der Etablierung prozessualer Verantwortlichkeiten – dem Business Process Management: BPM.

Insbesondere durch das Streben nach höherer Qualität („Null-Fehler Toleranz") im Ablauf von Prozessen entwickelten sich viele Werkzeuge zur Analyse und Optimierung der Prozesse, Methoden wie zum Beispiel die kontinuierliche Verbesserung (KVP) oder ganz allgemein das Total Quality Management. In der weiteren Entwicklung rückte die Effizienz der Abläufe stärker in den Fokus der Betrachtung, was sich zum Beispiel in den Methoden des Lean Management manifestiert.

Für Dienstleistungsunternehmen im Allgemeinen und die Finanzindustrie im Besonderen, mit ihrer ohnehin hohen IT-Durchdringung der Prozesse, steht die Automatisierung von einzelnen Prozess-Schritten beziehungsweise ganzen (Teil-)Prozessen besonders im Fokus der Prozessoptimierung. Kernaufgabe des Business Process Managements ist daher in vielen Organisationen – neben der Verankerung des prozessualen Denkens und der Etablierung prozessorientierter Verantwortlichkeiten im Unternehmen – auch die permanente Suche nach Optimierungs- und gerade auch nach Automatisierungsmöglichkeiten von Prozessen. Hier kann RPA, neben der sukzessiven Prozessautomatisierung in den eingesetzten Bank-Systemen selbst, eine wichtige Rolle spielen.

Für die Nutzung von RPA ergibt sich die Bedeutung von BPM aus zweierlei Sicht:

- Zum einen sind effiziente Abläufe auch beim Einsatz von RPA die Voraussetzung für einen ressourcen-schonenden Einsatz und ermöglichen erst die erhoffte Einsparung, die mit vielen Automatisierungsprojekten verbunden ist.
- Zum anderen sind viele Prozesse überhaupt erst dadurch mit RPA automatisierungsfähig, in dem sie im Vorfeld der RPA-Einführung analysiert, strukturiert und vereinfacht und damit durch die Roboter in hohem Maße automatisiert bearbeitungsfähig gemacht werden.

Die Optimierung der Prozesse an sich mit den Methoden des BPM, indem zum Beispiel unnötige Prozess-Schritte und in vielen Prozessen enthaltene Schleifen entfallen, Bearbeitungsschritte vereinfacht und Kontrollvorgänge auf ein notwendiges Mindestmaß reduziert werden, ist Basis für effiziente Prozesse vor und nach der Automatisierung mit RPA. Anders ausgedrückt: „wird ein schlechter Prozess automatisiert, entsteht ein schlechter automatisierter Prozess". Es wurde bereits aufgezeigt, dass auch beim Einsatz von Bots Bearbeitungszeiten der Prozesse entstehen (u. a. durch die minimalen Erfassungszeiten und die folgenden Response-Wartezeiten in der automatisierten Datenverarbeitung von Systemen), wodurch die Kapazität der Bots gebunden ist, was sich in Prozesskosten niederschlägt. Auch die notwendige Nutzung der IT-Infrastruktur an sich verursacht ggf. Kosten – es ist daher sinnvoll, die Bearbeitungszeiten von Prozessen auch im Falle des Einsatzes von RPA möglichst gering zu halten und effiziente Prozesse mit den Bots abzubilden.

Vielfach sind die Aufnahme, Analyse und Optimierung von Prozessen auch notwendige Voraussetzung, um die Automatisierung mit Robotern überhaupt (sinnvoll) umsetzen zu können. Roboter bearbeiten Prozesse als stringente Abfolge einzelner Anweisungen – ihrem Bearbeitungsalgorithmus. Ist dieser stringente Ablauf vor Optimierung der Prozesse nicht zu erkennen beziehungsweise – was häufig vorkommt – sind zu Beginn der Analyse sehr viele Prozessausnahmen definiert, die einen menschlichen Eingriff benötigen würden, ist eine Automatisierung nicht sinnvoll umsetzbar. Tatsächlich lassen sich aber viele dieser auf den ersten Blick vermeintlich „komplexen" Prozesse durch die klassischen Methoden des Business Process Management so verändern und optimieren, dass hohe Automatisierungsquoten erreicht werden können.

Dies belegt die hohe Bedeutung des Prozessmanagements im Kontext der Automatisierung mit RPA. Tatsächlich ergibt sich aus dem intensiven Einsatz von BPM aber auch ein „Widerspruch" zum Einsatz von RPA: je besser die Leistungsprozesse eines (Finanz-) Dienstleisters auf Effizienz und hohe Bearbeitungsqualität hin optimiert werden, umso besser lassen sich diese Prozesse auch durch entsprechende Abbildung der Abläufe in den zu Grunde liegenden Systemen automatisieren. So ist es durch entsprechende Prozessoptimierungsverfahren in vielen Banken gelungen, zum Beispiel in den Verarbeitungsprozessen des Zahlungsverkehrs eine hohe Automatisierungsquote beziehungsweise „straightthrough"-Quote zu erreichen. Die stringente Anwendung des Prozessmanagements schafft die Basis für diese Optimierungserfolge. Ein Einsatz von RPA ist in diesen Fällen dann wenig bis gar nicht erforderlich.

Ergebnisse der Experteninterviews
Dr. Sandro Schurig, Bereichsleiter Depotservice/DekaBank, stellt fest: Wenn BPM stringent(er) angewendet werden würde, wäre der Einsatz von RPA ggf. gar nicht mehr notwendig.

So wünschenswert die vollständige Automatisierung optimierter, effizienter Prozessabläufe in den Systemen auch ist, die tägliche Erfahrung zeigt doch, dass die Möglichkeiten zur Umsetzung von IT-Veränderungen für viele Dienstleister begrenzt sind, sei es durch beschränkte (IT-)Ressourcen, aufwändige und nur kostenintensiv umsetzbare IT-Maßnahmen bei älteren Systemen, oder aufgrund des Einsatzes von Standard-Software ohne eigene direkte Veränderungsmöglichkeiten. Der (ergänzende) Einsatz von RPA, als ein Optimierungs-Instrument im Tool-Set des Prozessmanagers, ist in vielen Anwendungsfällen daher eine sinnvolle Alternative.

2.5   RPA im Kontext der (Prozess-)Digitalisierung

Die Digitalisierung schafft große Herausforderungen für die Finanzwirtschaft. Kunden fordern einen digitalen Informationsaustausch, digitale Kommunikation und Produktabschlüsse. Banken und Finanzdienstleister sind hierdurch gefordert, ihre Produkte und Services digital bereitzustellen, diese also zu transformieren – die sogenannte „Digitale Transformation". Hierbei mangelt es häufig an einer tatsächlichen Transformation. Vielmehr werden stationär erprobte Geschäftsabläufe digital reproduziert. Hierdurch entstehen regelmäßig unklare und ineffiziente Prozesse. Diese sind oft nur in Teilen digitalisiert und mit Medienbrüchen versehen. Eine tatsächliche End-to-End-Digitalisierung fehlt.

Beispiel

Eine Versicherungsgesellschaft ermöglicht ihren Kunden den Online-Abschluss einer Haftpflichtversicherung – voll digital. Hierfür schaltet sie Werbeanzeigen auf der eigenen Homepage. Ein direkter Link zum Produktangebot fehlt in der Anzeige. Stattdessen wird auf den zu wählenden Menüpunkt verwiesen. Dort angekommen finden die Kunden verschiedenste Versicherungspakete, mit teilweise modular auswählbaren Bausteinen. Haben sich die Kunden entschieden, erfassen diese die eigenen Daten in einer Online-Maske und erhalten abschließend eine Bestätigung über die Speicherung und Weitergabe der Daten. Diese werden nun zunächst zwischengespeichert, bis ein Sachbearbeiter im Backoffice der Versicherungsgesellschaft sie – nach Information per Email – abruft und ausdruckt. Mithilfe des Ausdrucks erfasst er die Daten in verschiedenen Systemen. Stimmen einzelne Daten nicht überein, erstellt er einen Brief an den jeweiligen Kunden, um die restlichen oder zu korrigierenden Daten abzufragen. Erhält er die Daten einige Tage bis Wochen später, legt er die Versicherungspolice im System an und versendet alle Unterlagen an die neuen Kunden. ◄

Das Beispiel zeigt die Schwachstellen dieses Digitalisierungsversuchs. Der Prozess ist nicht von der Kundenseite her geplant, sonst wäre ein direkter Absprung zum Produktabschluss möglich. Die Vielfalt möglicher Produktvariationen macht einen Abschluss ohne vorherige umfassende Beratung nahezu unmöglich – ein Beispiel für die Digitalisierung eines stationären Prozesses, ohne diesen entsprechend umzugestalten und anzupassen – also tatsächlich zu transformieren. Die anschließenden Schritte und insbesondere das Ausdrucken und Neuerfassen von Daten zeigen den Bruch zwischen digitalem und nicht mehr digitalem Prozessablauf. Eine End-to-End-Digitalisierung liegt nicht vor.

Eine „echte" Digitalisierung des Prozesses wäre jedoch mit einigen Anpassungen möglich, wie die folgende Fortführung des Beispiels zeigt.

Beispiel

Die Versicherungsgesellschaft überarbeitet den Prozess zunächst, indem sie diesen von der Kundenseite her neu plant und Hürden und Umwege ausschaltet. Das Online-Produktangebot wird deutlich reduziert, nachdem Analysen zeigen, dass mehr als 80 % der online abschließenden Kunden eine bestimmte Basisvariante der Haftpflichtversicherung wählen. Alle anderen Kombinationen werden nur äußerst selten gewählt. Künftig ist nur noch der Abschluss zweier Basisvarianten online möglich. Für speziellere Varianten ist künftig wieder eine stationäre (oder aber sogar mediale) Beratung durch Beraterinnen und Berater vorgesehen. Nachdem die Kunden ihre Daten online erfasst haben, könnten diese idealerweise direkt in den juristischen Datenbestand aller erforderlichen Systeme übertragen werden. Jedoch sind hierfür enorm hohe IT-Umsetzungsaufwände erforderlich, da neue Schnittstellen entwickelt, bereitgestellt und gepflegt werden müssten.

Eine Alternative bietet RPA. Ein Bot übernimmt künftig die kundeseitig eingegebenen Daten und überträgt diese in sämtliche erforderliche Systeme – ohne Papierausdruck, ohne Fehler und deutlich schneller als bisher. Anstelle von Briefen an die Kunden, werden Emails versendet. Da die Erfassungsmaske für die Kunden vorher optimiert worden ist und nun Mussfelder und Plausibilitätsprüfungen enthält, reduziert sich die Anzahl von Rückfragen auf ein Minimum. Lediglich der abschließende Versand der Versicherungspolice erfolgt noch durch einen Versanddienstleister. ◄

Das Beispiel zeigt, wie mit wenigen Veränderungen eine End-to-End-Digitalisierung und damit digitale (Teil-Transformation) erreicht werden kann. RPA ermöglicht hierbei eine enorme Aufwandsreduktion gegenüber großer IT-technischer Veränderungen. Die Anpassungen sind deutlich schneller umzusetzen, sodass eine schnelle Time-to-Market sichergestellt ist und auch immer kürzer werdenden Veränderungszyklen gelassen begegnet werden kann.

Literatur

Allweyer, T. (2016). Robotic Process Automation – Neue Perspektiven für die Prozessautomatisierung. Fachbereich Informatik und Mikrosystemtechnik Hochschule Kaiserslautern. http://www.kurze-prozesse.de/blog/wp-content/uploads/2016/11/Neue-Perspektiven-durch-Robotic-Process-Automation.pdf. Zugegriffen am 27.12.2018.

Almato. (2019). Robotic Process Automation. https://almato.de/loesungen/robotic-process-automation-rpa/. Zugegriffen am 09.01.2019.

Appliedai.com. (2017). Robotic Process Automation Comprehensive Guide. https://blog.aimultiple.com/rpa-whitepaper/. Zugegriffen am 17.11.2018.

Appliedai.com. (2018) *Guide to cognitive automation, RPA's future [2018 update].* https://blog.ai-multiple.com/cognitive-automation/. Zugegriffen am 30.12.2018.

Appliedai.com. (2019). RPA tools. https://blog.aimultiple.com/rpa-tools/#types. Zugegriffen am 17.02.2019.

Automation Anywhere. (2018). *Enterprise architecture for the intelligent digital workforce.* https://www.automationanywhere.com/images/Enterprise-Architecture.pdf. Zugegriffen am 17.02.2019.

Bornet, P., Barkin, I., & Wirtz, J. (2020). *Intelligent Automation: Learn how to harness Artificial Intelligence to boost business & make our world more human.* Eigenverlag.

Com-Magazin. (2019). *KI in Robotic Process Automation.* https://www.com-magazin.de/praxis/business-it/ki-in-robotic-process-automation-rpa-1666853.html?page=2_vorteile-durch-bots. Zugegriffen am 12.01.2019.

Freund, J. (2019). Klartext: „RPA entwickelt sich immer häufiger zu einem süßen Gift" – Warum RPA die Transformation behindert". https://www.it-finanzmagazin.de/klartext-rpa-gift-transformation-85578/. Zugegriffen am 21.02.2019.

Ganu, N. (2018). *Infrastructure setup for RPA.* https://www.linkedin.com/pulse/infrastructure-setup-rpa-nainesh-ganu/. Zugegriffen am 17.02.2019.

IDG. (2021). Robotic Process Automation 2021. https://leimpek-beratung.de/wp-content/uploads/2021/10/IDG_UiPath_RPA_Studie_2021.pdf. Zugegriffen am 02.05.2023.

IRPA. (2016). RPA gestaltet Geschäftsprozesse um – Durch schnellere und genauere Services und eine höhere Kundenzufriedenheit. https://almato.de/fileadmin/files/downloads/DE_NICE_IRPA_WP_RPA_is_Transforming_Business_Processes-2016.pdf. Zugegriffen am 09.01.2019.

Lacity, M., & Willcocks, L. (2016). Robotic Process Automation at Telefónica O2. *MIS Quarterly Executive, 15*(1), 21–35.

Lüth, A. (2018). RPA-Markt soll bis 2020 kräftig zulegen. https://www.bigdata-insider.de/rpa-markt-soll-bis-2020-kraeftig-zulegen-a-728203/. Zugegriffen am 20.01.2019.

Manager Magazin. (2019). Robotic Desktop Automation ist der digitale Boost in der Kundenkommunikation. *Manager Magazin, Manager Wissen, 1*, 2.

Murdoch, R. (2018). *Robotic Process Automation. Guide to building software robots, automate repetitive tasks & become an RPA Consultant*. Eigenverlag.

Ostrowicz, S. (2018). *Next Generation Process Automation: Integrierte Prozessautomation im Zeitalter der Digitalisierung. Ergebnisbericht Studie 2018*. Horváth & Partners.

Otto, S., & Longo, M. (2017). ISG-Studie: Robotic Process Automation (RPA) sorgt für mehr Produktivität und nicht für Jobverluste. https://www.isg-one.com/docs/default-source/default-document-library/isg-automation-index-de_final_form.pdf?sfvrsn=15defe31_0. Zugegriffen am 20.01.2019.

Rücker, B. (2018). How to benefit from robotic process automation (RPA). https://blog.bernd-ruecker.com/how-to-benefit-from-robotic-process-automation-rpa-9edc04430afa. Zugegriffen am 18.01.2019.

Schaffry, A. (2009). BPM reduziert Prozesskosten um 20 Prozent. https://www.cio.de/a/bpm-reduziert-prozesskosten-um-20-prozent,877610. Zugegriffen am 30.12.2018.

Tucci, L. (2015). KPMG: Death of BPO at the hands of RPA. https://searchcio.techtarget.com/blog/TotalCIO/KPMG-Death-of-BPO-at-the-hands-of-RPA. Zugegriffen am 30.12.2018.

Van der Aalst, W. M. P., Bichler, M., & Heinzl, A. (2018). Robotic Process Automation. *Business & Information Systems Engineering, 60*(4), 269–272. https://doi.org/10.1007/s12599-018-0542-4

Watson, J., & Wright, D. (2017). The robots are ready. Are you? https://www.google.com/url?sa=t&rct=j&q=&esrc=s&source=web&cd=1&ved=2ahUKEwjizofA5MnfAhURYlAK-HWHaBqoQFjAAegQIChAC&url=https%3A%2F%2Fwww2.deloitte.com%2Fcontent%2Fdam%2FDeloitte%2Ftr%2FDocuments%2Ftechnology%2Fdeloitte-robots-are-ready.pdf&usg=AOvVaw2luiVINhzNclPK70Ac7_zc. Zugegriffen am 31.12.2018.

Willcocks, L., & Lacity, M. (2016). *Service automation. Robots and the future of work*. Steve Brooks Publishing.

Willcocks, L., Lacity, M., & Craig, A. (2017). Robotic process automation: strategic transformation lever for global business services? *Journal of Information Technology Teaching Cases, 7*, 17–28.

Anwendungsbereiche von RPA

Zusammenfassung

Das Kapitel verschafft zunächst einen Überblick über Branchen, Unternehmen und einzelne Unternehmensbereiche, die potenziell über eine ausreichende Anzahl mit RPA automatisierbarer Prozesse verfügen. Ein Fokus liegt hierbei auf den branchenspezifischen Bereichen finanzwirtschaftlicher Organisationen. In einem weiteren Schritt werden technische Auswahlkriterien für RPA-geeignete Prozesse aufgestellt und erläutert. Die Ausweitung auf betriebswirtschaftliche Kriterien – und die Erstellung prozessbezogener Business Cases – folgt in Abschn. 5.3. Den Abschluss des Kapitels bildet eine Auswahl erprobter RPA-Prozesse in der Finanzwirtschaft.

3.1 Geeignete Branchen, Unternehmen und Unternehmensbereiche

Branchenübergreifend RPA ist eine sektoren- und branchenübergreifend einsetzbare Technologie. Ihr Anwendungsschwerpunkt liegt im Dienstleistungs- und Handelssektor. Dies bestätigt auch der Blick auf veröffentlichte Fallstudien, die vielfach aus den Branchen Telekommunikation, Finanzwirtschaft, Gesundheit und Logistik stammen (vgl. beispielsweise Lacity & Willcocks, 2016, S. 34; Wadlow, 2017, S. 8–9; Hermann et al., 2018; AIMultiple, 2019). Auch in der Industrie wird automatisiert (und dies schon seit Jahren), jedoch wird hier unter einer Automatisierung beispielsweise der Aufbau mit Robotern bestückter Produktionsstraßen verstanden. Selbstverständlich können aber auch hier solche Prozesse, die mit verschiedenen Anwendungen arbeiten, durch RPA automatisiert werden. Beispiele sind die Controlling-, Personal- und IT-Bereiche der Unternehmen, gleichzeitig aber auch sämtliche Bereiche, die mit Kunden interagieren und die bekannten repetitiven Tätigkeiten ausführen.

© Springer Fachmedien Wiesbaden GmbH, ein Teil von Springer Nature 2023   41
M. Smeets et al., *Robotic Process Automation (RPA) in der Finanzwirtschaft*,
https://doi.org/10.1007/978-3-658-42290-5_3

Branchenübergreifend sind insbesondere folgende Unternehmensbereiche besonders RPA-geeignet (vgl. Ostrowicz, 2018, S. 12):

- Buchhaltung
- Reporting
- Logistik
- IT
- Kundenservice
- Controlling
- Personal

Branchenfokus Finanzwirtschaft Der Fokus dieses Buches liegt auf der Finanzwirtschaft. Insofern gilt es als nächsten Schritt, die Unternehmensbereiche innerhalb von Banken und Versicherern zu definieren, für die sich eine Automatisierung mit RPA anbietet. Ansatzpunkt liefert hier eine von PWC bereits 2017 durchgeführte Studie (vgl. PWC, 2017), deren Grundaussagen in der Praxis nach wie vor Gültigkeit besitzen. Die Studienteilnehmer identifizierten solche Bereiche, in denen die Potenziale von RPA die Kosten einer Einführung und Prozessautomatisierung übersteigen. Die höchsten Potenziale bieten demnach die Backoffice-Bereiche, mit weit über 80 % Zustimmung. Es folgen die Bereiche Finance und IT. In den Bereichen Compliance, Recht, Risikocontrolling und Personal werden nur geringe RPA-Potenziale vermutet (ca. 5 % Zustimmung). Gleiches gilt für den Vertrieb. Letzteres überrascht nicht, ist doch für eine Kundeninteraktion meist menschliches Handeln erforderlich – von einem zunehmenden Einsatz von Chatbots und ähnlichen Technologien einmal abgesehen. An dieser Stelle ist jedoch große Vorsicht in der Beurteilung geboten. Während die direkte Kundeninteraktion nicht – oder nur sehr selten – mit RPA automatisiert werden kann,[1] können die hieran anschließenden Prozesse, die meist im Backoffice münden, sehr oft durchaus automatisiert werden. Dies zeigt auch das Beispiel in Abschn. 2.5. Die Teilnehmer einer von Ostrowicz 2017, durchgeführten Studie nennen ebenfalls den Bereich Backoffice als einen der Hauptpotenzialbereiche für RPA. Zusätzlich werden hier das Risikomanagement, das Rechnungswesen und der Personalbereich als Potenzialbereiche aufgeführt.

Eine Untersuchung der Information Services Group (ISG) geht davon aus, dass der Bereich IT derjenige ist, der in den kommenden Jahren am stärksten von Automatisierungen betroffen sein wird (vgl. Otto & Longo, 2017).

Als übergreifende Einschätzung kommen also insbesondere folgende Bereiche in der Finanzwirtschaft für eine Automatisierung in Frage:

- Backoffice
- Finance, d. h. beispielsweise Rechnungswesen

---

[1]Wie in Abschn. 2.1 definiert, besitzt RPA im hier verwendeten Verständnis keine Komponenten künstlicher Intelligenz. Somit würden dem Bot in einer Kundeninteraktion erforderliche feste Regeln und Strukturen fehlen. Eine Lösung können hier die in Abschn. 2.1 vorgestellten Digitalen Assistenten bieten.

- IT
- Nachgelagert bieten sich auch in folgenden Bereichen grundsätzliche RPA-Potenziale:
- Compliance
- Recht
- Risiko- oder Gesamtbanksteuerung
- Personal

Die typischen Vertriebsbereiche hingegen eignen sich weniger für eine (zumindest mit geringem Aufwand umsetzbare) Automatisierung nach dem hier verwendeten Verständnis von RPA. Hier sind zunächst bestehende Prozesse in einzelne Teil-Prozesse zu untergliedern, von denen sich dann einzelne automatisieren lassen. Im Vertriebsbereich ist außerdem der Einsatz von Desktop-RPA durchaus denkbar. Allerdings wurde dieser RPA-Typ bewusst aus der Betrachtung ausgeschlossen (vgl. Abschn. 2.1). Bei genauer Betrachtung der aufgeführten Bereiche lässt sich schnell der Rückschluss auf die Kriterien RPA-geeigneter Bereiche ziehen. Überall dort, wo Daten in digitaler Form vorliegen und digital weiterverarbeitet werden, kommt ein Einsatz von RPA zunächst grundsätzlich in Frage. Wird nun noch der durchschnittliche Grad der Standardisierung eines Prozessbereichs als Kriterium hinzugezogen, wird deutlich, wieso die Prozessbereiche des Backoffice und beispielsweise des Rechnungswesens besonders RPA-geeignet sind. Grade hier liegen meist standardisierte, regelbasierte und auf digitalisierten Daten beruhende Prozesse vor.

Ergebnisse der Experteninterviews
Die befragten Experten sind sich einig, dass die Fokusbereiche für RPA in der Finanzwirtschaft vor allem in den Marktfolgebereichen, also im Backoffice, und im IT-Bereich liegen. Andere Bereiche spielen hier noch eine eher untergeordnete Relevanz.

Fokus: RPA zur Backoffice-Automatisierung   Der Backoffice-Bereich der Finanzwirtschaft wurde oben bereits in den Fokus für RPA gerückt. Dieser steht – auch in der Finanzwirtschaft – unter einem massiven Kosten- beziehungsweise Effizienzdruck. Können die Erträge nicht mehr adäquat gesteigert werden, bleibt häufig nur noch das Einsparen oder zumindest „Einfrieren" von Kosten als Mittel für Ergebnisstabilisierung oder -wachstum. Willcocks und Lacity (2016, S. 45 beschreiben fünf zusammengefasste Hebel, um wenig performante Backoffice-Bereiche zu hoch performanten zu verändern:

1. Zentralisierung der Backoffice-Bereiche und der zugehörigen Budgets.
2. Bereichsübergreifende Standardisierung von Prozessen.
3. Prozessoptimierung zur Fehlerreduktion und Minimierung von Verschwendung.
4. Verlagerung der Backoffice-Bereiche von teuren an weniger teure Orte (beispielsweise durch „Offshoring").
5. Technologische Fortschritte, beispielsweise Selbstbedienungsportale.

Die Möglichkeit einer Prozessautomatisierung mit RPA fügt mittlerweile einen neuen, sechsten Hebel hinzu:

3.2   RPA – die Automatisierung relevanter Prozesse.

Während die ersten fünf Hebel in den letzten rund 15 Jahren bereits vielfach eingesetzt worden sind und entsprechende Potenzialhebungen ermöglichten, ist RPA erst in den letzten Jahren hinzukommen.

RPA im Frontoffice Ist von Prozessautomatisierung die Rede, werden typischerweise Prozesse im Backoffice als Beispiele aufgeführt (siehe auch vorheriger Abschnitt). Doch auch im Frontoffice, also in Bereichen mit Kundenkontakt, lassen sich regelmäßig Anwendungsfälle identifizieren.

Beispiel

In einem Projekt für ein mittelständisches Kfz-Vertriebsunternehmen wurde der Kundenanlage-Prozess mit RPA automatisiert. Vor Automatisierung war es Aufgabe des Vertrieblers, Kundendaten während des Kundengesprächs in bis zu zehn Anwendungen manuell zu erfassen. Diese waren allesamt zur Angebotserstellung notwendig und konnten nicht über technische Schnittstellen miteinander verbunden werden. Der Ausgangsprozess benötigte rund 50 min und war – verständlicherweise – geprägt von Eingabefehlern im Datenbestand. Nach Automatisierung werden die Kundendaten nun einmalig in einer zentralen, neuen Eingabemaske erfasst. Anschließend startet der Vertriebler seinen „Assistenten", den RPA-Prozess, welcher die übrigen Erfassungen in den Anwendungen vornimmt. Eine enorme Zeiteinsparung, Verbesserung der Mitarbeiter- (und Kunden-)Zufriedenheit und der Datenqualität. ◄

Ein weiterer Anwendungsbereich für RPA im Frontoffice sind Kundenkontaktcenter oder Servicecenter. Auch hier können Bots helfen, relevanten Kundendaten zusammenzustellen und Masken zu öffnen, zu befüllen und Informationen zu verarbeiten – alles just-in-time während des Kundengesprächs.

3.3   Technische Auswahlkriterien für automatisierbare Prozesse

Nach dem Festlegen grundsätzlicher Prozessbereiche, stellt sich in einem nächsten Schritt die Frage nach der richtigen Auswahl der zu automatisierenden Prozesse. An dieser Stelle soll zunächst auf die technischen Auswahlkriterien von RPA-Prozessen eingegangen werden. In Abschn. 5.3 werden diese Kriterien noch einmal um betriebswirtschaftliche erweitert. Außerdem werden dort konkrete Vorgehensweisen bei der Prozessauswahl im Rahmen eines RPA-Implementierungsprojekts erläutert.

Die hier relevanten technischen Kriterien bewerten die Eigenschaften des Prozessablaufs. Sie beziehen sich beispielsweise nicht auf die Rentabilität einer Prozessautomati-

Tab. 3.1 Technische Prozessauswahlkriterien. (Vgl. Willcocks et al., 2017, S. 22; Allweyer, 2016, S. 4)

Kriterium	Bemerkung
Standardisierungsgrad	Je standardisierter, desto eher kann eine Automatisierung erfolgen.
Regelbasiertheit	Der Prozess muss vollständig regelbasiert sein, um komplett automatisiert werden zu können. Andernfalls ist eine Teilautomatisierung zu prüfen.
Prozessstabilität/-reife	Je stabiler ein Prozess – d. h., je seltener der Prozess angepasst wird –, desto eher eignet sich die Automatisierung, da weniger Anpassungen des Bots im Betriebsablauf erfolgen müssen.
Komplexität	Je geringer die Komplexität, desto einfacher ist die Automatisierung.
Digitalität der Daten	Nur digitale Daten können durch den Bot bearbeitet werden.
Strukturiertheit der Daten	RPA kann in seiner Reinform nur strukturierte Daten bearbeiten, d. h. solche, die der Bot in der vorher erwarteten Form erhält. Beliebig formulierte E-Mails eignen sich beispielsweise nicht, hierfür sind weiterführende Technologien erforderlich (vgl. Kap. 9).
Datentyp	Es eignen sich Text und Zahlen, weniger jedoch Bilder oder handschriftliche Daten. Hierfür sind ergänzende Technologien vorzuschalten (vgl. Abschn. 9.1).
Beteiligte Anwendungen	Je mehr Anwendungen der Prozess durchläuft und je höher die Anzahl der Systembrüche, desto sinnvoller eine Automatisierung mit RPA.

sierung – anders als betriebswirtschaftliche Kriterien (vgl. Abschn. 5.3). Es lassen sich eine Vielzahl möglicher Auswahlkriterien finden (vgl. hierzu zum Beispiel Willcocks et al., 2017, S. 22; Allweyer, 2016, S. 4) – ein Teil hiervon wird regelmäßig genannt (beispielsweise der Prozessstandardisierungsgrad), ein anderer Teil variiert (beispielsweise erfolgt teilweise eine explizite Einschränkung auf Middle- und Backoffice-Prozesse). Tab. 3.1 stellt mögliche technische Prozessauswahlkriterien dar. Diese können in Teilen oder vollständig für die Prozessauswahl verwendet werden. Genauso ist eine Gewichtung einzelner Kriterien möglich.

▶ Wird nach einer Reduktion auf ein einzelnes, ausschlaggebendes Kriterium gefragt, so ist dies sicherlich die Digitalität der Daten. Mit diesem Kriterium steht und fällt die Automatisierbarkeit, da ausschließlich digitale Daten durch Software bearbeitbar sind.

▶ Die Praxis zeigt, dass viele – zunächst mangels digitaler Daten von einer RPA-Automatisierung ausgeschlossene – Prozesse durch eine frühzeitigere Digitalisierung der Daten automatisierbar werden. So könnten die Frontoffice-Beschäftigten einer Bank die Daten zur Bearbeitung einer Kundenanfrage künftig in einem digitalen Auftragsformat an das Backoffice geben, anstatt diese in ein Formular einzupflegen, dieses auszudrucken und postalisch weiterzuleiten. Alternativ könnte der Kunde die Daten in direkt weiterverarbeitbarer Form elektronisch erfassen.

Bei der Suche nach automatisierbaren Prozessen sollte nicht davon ausgegangen werden, dass alle Prozesse, die grundsätzlich RPA-geeignet sind, tatsächlich vollständig automatisierbar sind. Nur weniger als 5 % aller Tätigkeiten – branchenübergreifend – sind zu 100 % automatisierbar (vgl. McKinsey Global Institute, 2017, S. 5). Hingegen besitzen rund 60 % aller Tätigkeiten einen Anteil automatisierbarer Aktivitäten in Höhe von mindestens 30 %. Bornet et al. (2020) differenzieren hier weiter. Ihnen zufolge sind rund 42 % aller Tätigkeiten automatisierbar, bei weiteren rund 32 % kann zumindest technisch unterstützt werden (hiermit ist in diesem Fall eine Entscheidungsunterstützung, bspw. durch KI-basierte Systeme gemeint). Ein weiteres Argument dafür, RPA nicht als vollständigen Ersatz menschlicher Arbeitskraft zu betrachten, sondern vielmehr als sinnvolle Ergänzung und Unterstützung für einfache, repetitive Tätigkeiten.

Bei der Prozessauswahl ist es deshalb sinnvoll, die technischen Kriterien nicht zu streng auszulegen. Ein Prozess, der einzelne manuelle Tätigkeiten enthält und trotzdem überwiegend digitale Daten verarbeitet, kann immer noch ein sinnvoll automatisierbarer Prozess sein. Eine entsprechende Aufteilung des Prozesses zur Vorbereitung der Automatisierung ist dann allerdings erforderlich (vgl. auch Abschn. 5.6.2). Abb. 3.1 stellt die Aufteilung eines Prozesses in voll-, teil- oder gar nicht automatisierbare Prozessteile dar. Im hier teilautomatisierten Prozessteil arbeiten Mensch und Maschine Hand in Hand. Den vollautomatisierten Teil übernehmen die Bots eigenständig, im nicht automatisierbaren Teil findet eine manufakturartige Bearbeitung durch Menschen statt, zum Beispiel für Ausnahmefälle innerhalb des Prozesses.

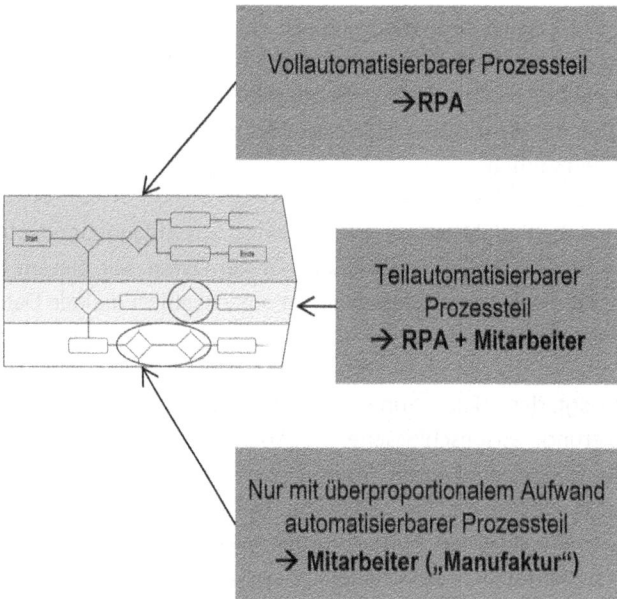

Abb. 3.1 Teilautomatisierbare Prozesse. (Eigene Darstellung)

Ergebnisse der Experteninterviews

Eine spannende Fragestellung beschäftigt sich mit der grundsätzlichen Ausrichtung der Prozessauswahl. Fokussiert sich ein Unternehmen eher auf die Automatisierung komplexer und zeitintensiver Prozesse, deren Anzahl an Prozessdurchläufen verhältnismäßig gering ist, oder doch eher auf wenig komplexe Prozesse, die verhältnismäßig oft durchlaufen werden? Beide skizzierten Fälle können in ihrem Ist-Zustand zu identischen Prozesskosten führen, wenn hier beispielsweise die reine Bearbeitungszeit und gebundene Kapazität zugrunde gelegt werden.

Bisher sind nahezu ausschließlich Aussagen und Fallbeispiele zu finden, die wenig komplexe und dafür oft auszuführende Prozesse als Zielprozesse für RPA nennen. Entsprechend ist auch der hier vorgestellte Kriterienkatalog aufgebaut. Dieser deckt auch durchaus den Regelfall ab. Jedoch zeigen die Experteninterviews, dass auch komplexere, zeitintensive Prozesse mehr und mehr in den Auswahlfokus für eine Automatisierung mit RPA rücken. Dies insbesondere dann, wenn sich das jeweilige Unternehmen schon in einer fortgeschrittenen Phase der RPA-Nutzung befindet, also bereits mehrere, eher weniger komplexe Prozesse automatisiert hat.

3.4   Auswahl von RPA-Anwendungsfällen in der Finanzwirtschaft

Im Anschluss an die Definition möglicher Prozessbereiche innerhalb der Finanzwirtschaft sowie die Bereitstellung der Auswahlkriterien für RPA-geeignete Prozesse, werden im Folgenden einige Beispiele erprobter RPA-Prozesse in der Finanzwirtschaft erläutert. In Teilen entstammen diese veröffentlichten Fallstudien, in Teilen der täglichen Praxis der Autoren.[2] Weitere Beispiele finden sich in den einzelnen Kapiteln.

Anpassung von Kundendaten Ein Wertpapierinstitut verwaltet eine siebenstellige Anzahl an Kundendepots. Über verschiedenste Schnittstellen – digital und analog – erreichen das Institut täglich bis zu mehrere tausend Änderungsaufträge für Kundendaten. Die digital eingehenden Daten werden nach geringfügiger Prozessanpassung durch Bots weiterverarbeitet, validiert und in verschiedene Anwendungen beziehungsweise Datenbanken eingespielt – inklusive der Anpassung der juristisch führenden Datenbestände. Durch den ergänzenden Einsatz einer vorgeschalteten OCR-Komponente können auch analog eingehende Aufträge auf Vordrucken durch RPA weiterbearbeitet werden. Auch wenn hierdurch keine vollständige Automatisierung erzielt wird, kann dennoch ein Großteil aller eingehenden Aufträge automatisiert bearbeitet werden.

Prüfung von Wertpapierabrechnungen und sonstigen Buchungen Im selben Institut beschäftigen sich täglich mehrere Beschäftigte mit dem Abgleich von Wertpapiertransaktionen über verschiedene Anwendungen hinweg. Einzelne Transaktionen sind in hauseigenen Anwendungen zu erfassen und für Abgleiche in Tabellenkalkulations-Programme zu übertragen. Gleichzeitig finden Sichtprüfungen und Vergleiche statt. Eine Arbeit, die vollständig automatisierbar ist. Insbesondere der Übertrag von Daten zwischen Systemen und die Prüfung von Daten auf Konsistenz oder vorgegebene Werte und Schwellen zählen zu den Kernfähigkeiten von RPA.

---

[2] Aus Gründen der Anonymisierung sind Letztere entsprechend abgewandelt.

Digitale Produktabschlüsse Eine Bank ermöglicht ihren Kunden seit Kurzem den Online-Abschluss einzelner Produkte und Services, wie beispielsweise ein Online-Girokonto. Die digital durch den Kunden erfassten Daten werden an einen Dienstleister transferiert, der die Daten – nach vorheriger Plausibilitätsprüfung – durch manuelle Eingabe in das Kernbanksystem des Instituts überführt. Die Herstellung einer Schnittstelle, die einen direkten Transfer der durch den Kunden erfassten Daten in das Kernbanksystem ermöglichen würde, ist kurzfristig nicht möglich und zunächst auch nicht gewollt. Anstelle dessen wurde eine RPA-Lösung entwickelt, die sowohl die Plausibilitätsprüfung als auch den Datentransfer ermöglicht. Hierdurch wird eine tatsächliche End-to-End-Digitalisierung des Prozesses erreicht. Außerdem sinken die Bearbeitungszeit und damit auch die Kosten des einzelnen Prozesses um ein Vielfaches.

Berechtigungsmanagement und IT Bei jeder Neueinstellung, jedem Abteilungswechsel, jeder Kompetenzveränderung und jedem Ausscheiden eines Beschäftigten ist die IT-Abteilung eines Instituts gefordert, diverse Berechtigungen einzuräumen, zu verändern oder zu löschen. Vielfach handelt es sich hierbei um gleichartige „Berechtigungspakete", insbesondere bei Neueinstellungen oder ausscheidenden Beschäftigten. Auch in allen anderen Fällen sind die durchzuführenden Schritte in großen Teilen identisch. Ein idealer Anwendungsfall für RPA. Mit Hilfe von RPA lassen sich sämtliche Berechtigungen in allen erforderlichen Anwendungen bearbeiten, sodass Eingriffe von Menschen nur noch bei grundlegenden Vorgaben, wie den Stammdaten oder den zuzuordnenden Kompetenzbereichen erforderlich sind. Alles andere, die oftmals als lästig empfundene „Fleißarbeit", wird durch Bots durchgeführt.

Ein weiteres Beispiel aus dem Bereich Berechtigungsmanagement ist das Zurücksetzen von Passwörtern. Ein täglich in großen Mengen vorkommender Anwendungsfall. Manchmal sind nur kleine Veränderungen erforderlich, um solche Prozesse automatisierbar zu machen – beispielsweise die Implementierung eines einfachen Ticketsystems anstelle einer Passwort-Hotline. Das Zurücksetzen von Passwörtern ist nur ein Beispiel für die Potenziale von RPA in der IT. Grundsätzlich kann RPA ganze Ticketsysteme automatisieren und teilweise sogar Anfragen im Bereich des First-Level-Supports eigenständig beantworten (vgl. Beardmore, 2017).

RPA eignet sich außerdem zur Überwachung von Servern oder komplexen Jobketten, was eine hohe Relevanz für die IT-Bereiche der Finanzwirtschaft besitzt.

Rechnungsbearbeitung Im Regelfall werden eingehende Rechnungen nicht sofort gebucht. Vor einer Überweisung des Rechnungsbetrags erfolgt meist eine Prüfung auf Korrektheit und Rechtmäßigkeit der Rechnung. Sofern sämtliche Daten digital vorliegen, kann der vollständige Prozess automatisiert abgewickelt werden. Liegen die Daten in einer (noch) nicht-strukturierten Form vor, ist auch hier die Vorschaltung einer OCR-Komponente erforderlich, um die Daten durch RPA bearbeitbar zu machen. Alternativ kommen hier bereits erste kognitive Komponenten zum Einsatz, die beispielsweise relevante Informationen in unstrukturierten Texten erkennen. AIMultiple (2019) stellt einen solchen Prozess unter Einbindung kognitiver Komponenten dar. Die hier erzielten Einsparungen – ohne nähere Erläuterung der verwendeten Bezugsgröße – werden mit 67 FTE und damit ca. 4 Mio. $ angegeben. Gleichzeitig sinkt die Bearbeitungszeit von 6–8 min auf rund 30 s.

Bereitstellung von Regel-Reportings Das Controlling einer Bank, organisatorisch der Gesamtbanksteuerung zugeordnet, erstellt tägliche und wöchentliche Reports, für die verschiedene Informationsquellen verwendet werden. Neben hausinternen Datenbanken wird auch auf Inhalt verschiedener Websites zugegriffen, zu denen keine Schnittstellen herstellbar sind. Sämtliche Inhalte und Daten werden in einer strukturierten Form verdichtet und dem Management des Instituts im immer gleichen Layout bereitgestellt. Zur Entlastung der Beschäftigten von diesen Routinetätigkeiten wird eine Automatisierung mit RPA eingeführt. Die Bots führen die Informationen weitestgehend zusammen und stellen diese den Beschäftigten des Controllings zur Verfügung. Anschließend übernehmen diese eine Qualitätssicherung, führen letzte Schritte aus und stellen den finalen Report bereit. Ein Beispiel für das weitgehend reibungslose Zusammenspiel von Mensch und Maschine.

Handel Händler beobachten fortlaufend Kursschwellen, um bei einem Durchbrechen der Schwelle zum Beispiel Veränderungen an Stopp- oder Limit-Kursen vorzunehmen oder Kauf- und Verkaufsaufträge auszuführen. Um sie von der laufenden Beobachtung von Kursen und relevanten Marktinformationen zu entlasten, unterstützen Bots bei einem Teil der Tätigkeiten. Die Bots beobachten die Kurse im Handelssystem des Instituts sowie Informationen auf relevanten Webseiten und senden auf Basis vordefinierter Muster und bei Eintritt bestimmter Ereignisse E-Mails an die Händler, die hiermit sofort agieren können.

Compliance Der Bereich Compliance überwacht und prüft, genau wie andere Kontrollorgane der Institute, diverse Prozesse und sonstige Tätigkeiten. Die Kontrollhandlungen kann er nur in dem Umfang durchführen, in dem er auch Ressourcen besitzt – also Beschäftigte. Durch den Einsatz von RPA können hier zusätzliche Kapazitäten geschaffen werden. Diese ermöglichen das Aufsetzen zusätzlicher Prüfroutinen. Die Bots eignen sich insbesondere für solche Routinen, die für die Beschäftigten repetitive und nicht komplexe Tätigkeiten bedeuten würden, bei denen gerade auch die Fehleranfälligkeit in der Kontrolle hoch ist.

Weitere Anwendungsfälle Neben den hier genannten existieren viele weitere potenzielle Anwendungsfälle in der Finanzwirtschaft, zum Beispiel (vgl. in Teilen auch AIMultiple, 2019):

- Kontoschließungen
- Abrechnungen
- Vorbereitung von Reports für Wirtschaftsprüfer

- Onlineanträge von Kunden für sämtliche Themen, wie Konten, Kredite, Depots, Stammdatenänderungen, etc.
- Rückbuchungen
- Sämtliche digitale Prüfroutinen
- …

Auf die Anwendungsfälle im Frontoffice wurde weiter oben bereits eingegangen. Dies sind insbesondere vertriebsunterstützende Tätigkeiten wie Stammdatenerfassung, oder Unterstützungsleistungen im Kundenkontakt- bzw. Callcenter.

Fazit Es lässt sich nicht abschließend festlegen, welche Anzahl von Prozessen beziehungsweise welcher Anteil an der Gesamtanzahl aller Prozesse mit RPA automatisierbar ist. Manchen Einschätzungen nach liegt der Anteil (größtenteils und betriebswirtschaftlich nicht auf den ersten Blick auszuschließender) automatisierbarer Prozesse bei Retailbanken im Bereich von rund 20 %. Lautet das Ziel, anstelle ganzer Prozesse auch einzelne automatisierbare Aufgaben innerhalb größerer Prozesse zu identifizieren, steigt der Anteil an. Je nach Art des Finanzdienstleistungsunternehmens kann der Anteil automatisierbarer Prozesse stark variieren. Das maßgebliche Kriterium liegt hier – erneut – in der Digitalität oder Nicht-Digitalität der Daten.

Die Autoren haben im Rahmen ihrer Praxistätigkeit u. a. die (standardisierte) Prozesslandkarte der Sparkassen untersucht und hierbei einen Anteil automatisierbarer Tätigkeiten in Höhe von über 25 % identifiziert. Je nach Ausrichtung der jeweiligen Sparkasse kann der Anteil abweichen (insbesondere nach oben, da ein Abweichen vom Standard in der Regel Individualität und häufig auch Prozess-/Systembrüche impliziert).

Literatur

AIMultiple. (2019). RPA use cases. https://blog.aimultiple.com/robotic-process-automation-use-cases/#banking. Zugegriffen am 10.01.2019.

Allweyer, T. (2016). Robotic Process Automation – Neue Perspektiven für die Prozessautomatisierung. Working Paper Fachbereich Informatik und Mikrosystemtechnik Hochschule Kaiserslautern.

Beardmore, L. (2017). Robotic process automation. https://www.capgemini.com/service/business-services/enabling-technologies/robotics-process-automation/. Zugegriffen am 20.01.2019.

Bornet, P., Barkin, I., & Wirtz, J. (2020). *Intelligent Automation: Learn how to harness Artificial Intelligence to boost business & make our world more human.* Eigenverlag.

Hermann, K., Stoi, R., & Wolf, B. (2018). Robotic Process Automation im Finance & Controlling der MANN+HUMMEL Gruppe. *Controlling, 30*(3), 28–34.

Lacity, M., & Willcocks, L. (2016). Robotic Process Automation at Telefónica O2. *MIS Quarterly Executive, 15*(1), 21–35.

McKinsey Global Institute. (2017). *A future that works: Automation, Employment, and Productivity.* McKinsey & Company.

Ostrowicz, S. (2017). Einsatz von Robotics in der Finanzindustrie. https://www.horvath-partners. com/es/media-center/studien/detail/einsatz-von-robotics-in-der-finanzindustrie/. Zugegriffen am 24.01.2019.

Ostrowicz, S. (2018). *Next Generation Process Automation: Integrierte Prozessautomation im Zeitalter der Digitalisierung. Ergebnisbericht Studie 2018.* Horváth & Partners.

Otto, S., & Longo, M. (2017). ISG-Studie: Robotic Process Automation (RPA) sorgt für mehr Produktivität und nicht für Jobverluste. https://www.isg-one.com/docs/default-source/default-document-library/isg-automation-index-de_final_form.pdf?sfvrsn=15defe31_0. Zugegriffen am 20.01.2019.

PWC. (2017). What PwC's 2017 survey tells us about RPA in financial services today. https://www. pwc.com/us/en/financial-services/publications/assets/pwc-fsi-whitepaper-2017-rpa-survey.pdf. Zugegriffen am 10.01.2019.

Wadlow, T. (2017). Offering the Digital Choice. https://almato.de/fileadmin/files/downloads/ DeutscheTelekom-technology-April2017_V1.pdf. Zugegriffen am 10.01.2019.

Willcocks, L., & Lacity, M. (2016). *Service automation. Robots and the future of work.* Steve Brooks Publishing.

Willcocks, L., Lacity, M., & Craig, A. (2017). Robotic process automation: Strategic transformation lever for global business services? *Journal of Information Technology Teaching Cases, 7,* 17–28.

RPA-Marktüberblick und RPA-Softwarelösungen

4

Zusammenfassung

Das folgende Kapitel liefert zunächst einen kurzen Überblick über die derzeitige Entwicklung des gesamten RPA-Marktes. Anschließend wird auf die Unterschiedlichkeit der RPA-Softwareanbieter eingegangen. Hierbei wird jedoch bewusst auf einen (namentlichen) Vergleich von Softwareanbietern verzichtet. Details und Hinweise zur Auswahl der passenden Lösung liefert Abschn. 5.4. Das Kapitel erläutert zusätzlich die Rolle von RPA-Beratern und sonstigen Implementierungspartnern und definiert hier unter anderem vier unterschiedliche Formen, die diese annehmen können. Zur individuellen Auswahl passender Berater und Implementierungspartner werden entsprechende Kriterien zur Verfügung gestellt.

4.1 Der RPA-Markt – Hype oder langfristiger Trend

Wird über den RPA-Markt gesprochen, ist Vorsicht geboten. Wie so oft bei neuen Optimierungsansätzen überschlagen sich die Marktforschungsinstitute, RPA-Anbieter, aber auch RPA-Beratungshäuser und RPA-Implementierungspartner mit Prognosen und Schätzungen für die Marktentwicklung, die teilweise weit auseinander liegen, jedoch alle in eine Richtung zeigen: nach oben. Der RPA-Markt verspricht ein großes Wachstum innerhalb der kommenden Jahre. Um ein Gefühl hierfür zu vermitteln, werden zunächst einige zum Entstehungszeitpunkt dieses Werkes aktuelle Wachstumsprognosen vorgestellt und soweit erforderlich und möglich erläutert. Anschließend folgt der Versuch, ein Fazit aus diesen unterschiedlichen Aussagen zu ziehen.

Auszug unterschiedlicher Einschätzungen 2012 lag die Größe des RPA-Markts bei rund 140 Mio. US-Dollar, 2017 bei etwa 1300 Mio. US-Dollar (vgl. Dickgreber et al.,

2018). Dies entspricht einem durchschnittlichen jährlichen Wachstum seit 2012 in Höhe von 56 %. Fortune (2023) zufolge besitzt der RPA-Markt 2022 bereits eine weltweite Größe von ca. 10 Mrd. US-Dollar.[1] Bis 2030 soll dieser weiter mit einer Wachstumsrate (CAGR) in Höhe von rund 20 % wachsen und 2030 ein Volumen von rund 50 Mrd. US-Dollar erreichen. Grand View Research (2018) prognostiziert mit einer jährlichen Wachstumsrate in Höhe von 31,1 % sogar noch höhere Wachstumsraten.

Es gilt bei allen hier genannten und auch anderweitig verfügbaren Zahlen, die Bezugsgrößen genau zu prüfen und zu vergleichen. So berücksichtigen die Prognosen teilweise nur Umsätze der RPA-Softwareanbieter, andere ziehen auch Umsätze aus Beratungsleistungen rund um RPA mit ein, usw. Diese Faktoren können die Abweichungen zwischen den einzelnen Prognosen eventuell (teilweise) erklären.

Die Marktgröße ist selbstverständlich nicht die einzige Kennzahl, anhand derer der RPA-Markt beschrieben werden kann. Marktforschungsinstitute erheben mittlerweile Kennzahlen zu diversen Themen und Angeboten rund um die RPA-Branche. So werden zum Beispiel Marktanteile der einzelnen Softwarenanbieter oder Beratungsunternehmen analysiert, Branchengrößen ermittelt und länderspezifische Werte und Größen erhoben. Beispiel hierfür sind die Marktuntersuchungsberichte der Marktforschungsunternehmen Grand View Research oder Gartner.

Die Prognosebeispiele zeigen: Der Markt für RPA-Software und begleitende Services – Beratung, Implementierung u. a. – wächst; in welchen Größenordnungen, bleibt abzuwarten.

4.2 Softwareanbieter und deren Lösungen

Softwareanbieter In den vergangenen Jahren ist die Anzahl der RPA-Softwareanbieter deutlich gestiegen (vgl. van der Aalst et al., 2018, S. 269, und Gartner, 2023). Diese können unterteilt werden in Anbieter, die sich ausschließlich auf die RPA-Technologie konzentrieren und Anbieter, die RPA als einen Bestandteil ihres Produktportfolios integriert haben oder ihre bereits vorhandenen Softwarelösungen um eine RPA-Komponente ergänzen. Beispiele für RPA-Anbieter sind Automation Anywhere, AutomationEdge, Appian RPA, WorkFusion, Kofax, Pega, Nice, Blue Prism, Softomotive oder UiPath (vgl. van der Aalst et al., 2018, S. 269, und Gartner, 2023).[2]

---

[1] Das Marktforschungs- und Beratungsunternehmen Gartner schätzte die weltweite Größe des RPA-Markts im Jahr 2018 auf 680 Mio. US-Dollar (vgl. Tornbohm, 2018). Im Jahr 2022 sollte die Marktgröße auf rund 2400 Mio. US-Dollar gestiegen sein. Diese Werte wurden somit wohl deutlich übertroffen.

[2] Die hier genannten Softwareanbieter sind lediglich eine beispielhafte Auswahl der sich ständig verändernden Gesamtmenge an RPA-Softwareanbietern.

Per Anfang 2023 zählt der RPA-Markt knapp über 50 verschiedene Softwareanbieter (vgl. AIMultiple, 2023). Diese Zahl verändert sich laufend. Die Anbieter lassen sich anhand unterschiedlicher Kriterien miteinander vergleichen (vgl. AIMultiple, 2023). Teilweise bieten sie vollständig kostenlose Versionen oder nur kostenlose Testversionen an. Andere unterscheiden sich in der Art ihrer Bepreisung der einzelnen Bots. Neben der Lizensierung vollständiger Plattformen und Pakete sind Bepreisungen per Bot oder per automatisiertem Prozess üblich. Auch in ihrem Funktionsumfang weichen die Softwares voneinander ab. So bieten mittlerweile einzelne Softwares die Möglichkeit zum direkten Aufzeichnen von Prozessen durch das bereits erläuterte Screen Recording, oder die Möglichkeit, andere Technologien direkt einzubinden, beispielsweise OCR-Komponenten zum Umwandeln handgeschriebener Texte in maschinenlesbare Formate.[3]

Auswahl der richtigen Softwarelösung   Die Auswahl der richtigen RPA-Software sollte immer im Kontext der mit dem RPA-Einsatz verfolgten Ziele geschehen. Zudem ist eine organisationsindividuelle Prüfung erforderlich. Je nach internen Voraussetzungen, Vorgehen und Möglichkeiten bei der RPA-Implementierung können unterschiedliche Softwares besser geeignet sein als andere. Ein konkretes Vorgehen hierfür ist in Kap. 5 beschrieben.

Beispiel

Entscheidet sich ein Finanzdienstleister dazu, die Verantwortung für RPA einer Einheit innerhalb des IT-Bereichs zu übertragen, eignet sich eventuell eine RPA-Software, die (einfach) zu programmierende Elemente besitzt, besser (vgl. zur Einordnung von RPA in die Organisationsstruktur beziehungsweise die RPA-Governance auch Kap. 6). Soll die Verantwortung hingegen im Fachbereich liegen, ist eine stark auf einer grafischen Konfiguration basierende Software häufig die bessere Wahl. ◄

Zur Auswahl einer passenden Software können neben den in Kap. 5 beschriebenen Kriterien auch insbesondere die in Abschn. 2.2 aufgeführten Bestandteile der RPA-Softwares verwendet werden: Die Möglichkeit der Modularität in der Artefakt-Entwicklung, die Verwendung von String Operations, ein Variablenmanagement, die Integration von Bedingungen, Schleifen u. ä. sowie die Eigenschaften der Software im Bereich der (IT-)Sicherheit und des Fehlerhandlings.

Bereits an dieser Stelle zusammengefasst, können die folgenden Kriterien bei der RPA-Softwareauswahl berücksichtigt werden:

1. Funktionalität: Überprüfung, ob die RPA-Software die individuell benötigten Funktionen und Automatisierungsmöglichkeiten bietet. Sicherzustellen ist, dass die Software die relevanten Geschäftsprozesse effektiv automatisieren kann.

---

[3]Auf einen Vergleich verschiedener Softwares wird an dieser Stelle verzichtet, da eine nachhaltige Vollständigkeit im sich laufend verändernden Marktumfeld nicht gewährleistet werden kann.

2. Benutzerfreundlichkeit: Eine gute RPA-Software sollte einfach zu bedienen sein und eine benutzerfreundliche Oberfläche haben. Zu prüfen ist, ob das Handling der Software leicht zu erlernen und die Software einfach zu verwenden ist.

3. Skalierbarkeit: Sicherzustellen ist, dass die RPA-Software skalierbar und in der Lage ist, sich an die individuellen zukünftigen Anforderungen anzupassen. Es wird empfohlen zu prüfen, ob die Software und die zugehörige IT-Infrastruktur (verwendete Server etc.) in der Lage sind, die Arbeitslast zu bewältigen, wenn mehrere Geschäftsprozesse automatisiert ablaufen.

4. Zuverlässigkeit: Eine zuverlässige RPA-Software sollte in der Lage sein, fehlerfrei und ohne Unterbrechungen zu arbeiten. Zu prüfen ist, ob die Software in der Lage ist, lange Arbeitsprozesse durchzuführen, ohne dass es zu Störungen kommt.

5. Sicherheit: Eine gute RPA-Software sollte in der Lage sein, sensible Daten und Informationen sicher zu handhaben. Die Software sollte daher Sicherheitsmaßnahmen wie Verschlüsselung und Zugriffskontrollen bieten.

6. Integration: Eine gute RPA-Software sollte in der Lage sein, mit anderen Geschäftsanwendungen und -systemen zu integrieren. Zu prüfen sind entsprechend die Software-Schnittstellen(-APIs) und andere Integrationsoptionen, um Geschäftsprozesse nahtlos und mit möglichst wenig technischen Hürden zu automatisieren.

7. Support: Die RPA-Software (bzw. der Anbieter/Re-Seller) sollte über eine zuverlässige technische Unterstützung verfügen, um Probleme oder Fehler schnell und effektiv zu lösen. Schulungen und Ressourcen für die Benutzer sollten verfügbar sein.

4.3   RPA-Berater und Implementierungspartner

Neben Softwareanbietern haben sich in den vergangenen Jahren verschiedene Arten von RPA-Beratern und Implementierungspartnern etabliert. Unter Implementierungspartnern werden hier alle Partner verstanden, die im Rahmen der Einführung und Nutzung von RPA mit dem Unternehmen, das RPA nutzen möchte, in Verbindung stehen. Dies sind nicht nur Berater, sondern auch die RPA-Softwareanbieter selbst. Genauso kann es sich hierbei um Outsourcingdienstleister handeln. RPA-Berater hingegen unterstützen den Implementierungsprozess von RPA in all seinen Stufen, treten jedoch nicht als Softwareanbieter bzw. -hersteller oder Outsourcingdienstleister auf. In einem ersten Schritt erfolgt eine detailliertere Betrachtung der RPA-Berater. Bevor hierbei auf mögliche Differenzierungskriterien von RPA-Beratern eingegangen werden kann, sind zunächst die Fragen zu beantworten, was RPA-Berater sind und weshalb ihr Einsatz sinnvoll sein kann.

RPA-Berater   Als RPA-Berater soll hier ein Beratungsunternehmen (oder auch ein einzelner Berater oder eine einzelne RPA-Beraterin) bezeichnet werden, welches seine Kunden umfassend bei der Implementierung von RPA unterstützen kann. Dies bedeutet, dass ein RPA-Berater das gesamte Vorgehensmodell einer RPA-Implementierung kennen und umsetzen können muss (vgl. Kap. 5). Die nähere Betrachtung dieses Modells wird im weiteren Verlauf zeigen, dass hier verschiedene Fähigkeiten erforderlich sind: Projektmanagement, Prozessmanagement, Testmanagement und nicht zuletzt die Fähigkeit, RPA-Artefakte zu entwickeln. Meist werden diese Fähigkeiten nicht durch eine einzelne Person abgedeckt. Für die genannten Fähigkeiten werden oftmals verschiedene Personen eingesetzt, zum Beispiel differenziert in Projekt- und Prozessmanager sowie RPA-Entwickler. Teilweise stammen sie alle aus einem einzelnen RPA-Beratungshaus, teilweise arbeiten diese unternehmensübergreifend zusammen.

Leistungen von RPA-Beratern RPA-Berater bieten ihren Kunden umfangreiche Leistungen bei der Implementierung von RPA an (vgl. hierzu und im Folgenden auch AIMultiple, 2019). Diese Leistungen lassen sich in zwei Kategorien unterteilen. Zum einen in solche, die zeitlich vor der eigentlichen Implementierung – im Sinne einer Artefakt-Entwicklung – liegen. Zum anderen in Leistungen im Rahmen der späteren Artefakt-Entwicklung selbst.

Leistungen der ersten Kategorie können beispielsweise sein:

- Unterstützung bei der organisationsinternen Einordnung und Entscheidungsfindung zum Einsatz von RPA
- Projektplanung
- Prozessauswahl
- Prozessaufnahme
- Prozessoptimierung
- Dokumentation der optimierten und automatisierungsfähigen Prozesse
- RPA-Softwareauswahl

Leistungen der zweiten Kategorie können beispielsweise sein:

- Aufbau der erforderlichen IT-Infrastruktur und Installation der RPA-Software
- Entwicklung der RPA-Artefakte
- Test der RPA-Artefakte
- Rollout und Rollout-Begleitung
- Review der ersten Automatisierungsergebnisse und etwaige Anpassungen

Hinzu kommen Kategorie-übergreifende Tätigkeiten, wie die Steuerung der Implementierung und Einbindung verschiedener Unternehmensbereiche sowie ggf. externer Dienstleister.

Neben den Leistungen rund um die Implementierung von RPA nimmt die Nachfrage nach Schulungen interner Mitarbeitenden im Umgang mit der RPA-Software immer mehr zu. Diese Entwicklung ist nachvollziehbar, gilt RPA doch als Technologie, die verhältnismäßig einfach erlernbar ist und grade aufgrund der schnellen Internalisierbarkeit niedrige Kosten verspricht. Aktuelle Praxiserfahrungen der Autoren zeigen, dass vermehrt bereits in Pilotprojekten oder direkt im Anschluss mit Schulungen begonnen wird. Diese reichen von ein- bis zweitägigen Schulungen für Fachbereichsmitarbeitende (zur Fehlererkennung und -behebung einfacher Fehler) hin zu ein- oder zweiwöchigen Entwicklerschulungen. Teilnehmende der letzteren sind anschließend regelmäßig in der Lage, Prozesse vollständig autark zu automatisieren.

Mehrwerte durch RPA-Berater   Neben der reinen Bereitstellung von Ressourcen zur Durchführung von RPA-Projekten neben dem „Tagesgeschäft", können RPA-Berater Erfahrung und Fachwissen in die Implementierung von RPA einbringen. Hierdurch lassen sich mögliche Planungs- und Durchführungsfehler vermeiden und vielfach Effizienzgewinne heben. Gerade dann, wenn sich die Organisation erstmalig mit RPA beschäftigt, ist eine Unterstützung empfehlenswert. RPA-Berater können nach einer ersten Prozesssichtung schnell einschätzen, ob ein Prozess automatisierungsfähig ist, vorab Anpassungsbedarf besteht oder dieser nicht automatisierbar ist. Gleichzeitig wissen sie, wo nach automatisierungsfähigen Prozessen zu suchen ist. Außerdem ermöglicht die Beauftragung von externen Beratern der Organisation ein schnelles Reagieren auf mögliche Veränderungen in ihrer RPA-Strategie, insbesondere durch die Skalierbarkeit der externen Unterstützung.

Ergebnisse der Experteninterviews
Die Ergebnisse der Experteninterviews zeigen, dass RPA-Berater nicht nur bei Erstimplementierungen von RPA zur Unterstützung herangezogen werden. Regelmäßig werden diese auch für Folgeimplementierungen oder die Anpassung bestehender RPA-Lösungen und Fragestellungen im Rahmen des laufenden RPA-Betriebs konsultiert. Die Hauptgründe für den Einsatz bei der Erstimplementierung sind bestehendes Wissen und vorhandene Erfahrung sowie RPA-Entwicklungsfähigkeiten. Bei Folgeimplementierungen sind die Einschätzungen unterschiedlich. Teilweise stehen auch hier Erfahrung und Wissen im Vordergrund. Vielfach ist es jedoch die mögliche Skalierbarkeit oder sogar der einfache Austausch externer RPA-Berater, die gegen einen vollumfänglichen Aufbau von RPA-Know-how in der eigenen Organisation spricht.

Auswahl des richtigen RPA-Beraters   Die Auswahl des passenden RPA-Beraters ist nicht einfach. Neben spezialisierten Beratern haben mittlerweile auch etablierte und weithin bekannte Beratungshäuser die RPA-Technologie in ihr Beratungsportfolio aufgenommen. Die einen fokussieren sich hierbei auf die strategischen Elemente einer RPA-Implementierung. Dies können Elemente wie Zielsetzungen und der strategische Einsatz von RPA, oder auch Prozessauswahlverfahren sein. Die eigentliche RPA-Entwicklung nehmen sie in der Regel nicht selbst vor, sondern bedienen sich hierbei anderer Beratungshäuser oder weiterer Kooperationspartner. Neben strategisch ausgerichteten Beratern unterstützen die eher prozess- und organisationsorientiert beratenden Unternehmen im Bereich der Prozessoptimierung und -vorbereitung für die anschließende Einführung von RPA. Die eigentliche Artefakt-Entwicklung wird oftmals von Systemintegratoren oder auf technische Entwicklungen fokussierten Beratern vorgenommen.

Zur Auswahl des richtigen RPA-Beraters lassen sich unterschiedliche Kriterien heranziehen, die in Tab. 4.1 dargestellt sind.

Tab. 4.1 Auswahlkriterien für RPA-Berater. (In Anlehnung an AIMultiple, 2019)

Kriterium	Beschreibung
RPA-Erfahrung	Der RPA-Berater sollte über ausreichende Erfahrung in der Implementierung von RPA verfügen.
Branchenspezifische Erfahrung	Der für ein Finanzinstitut richtige RPA-Berater benötigt entsprechende Erfahrung in der Finanzwirtschaft. Nur so kennt er relevante Prozesse und kann diese fachlich bewerten und anpassen.
Unternehmensbereichsspezifische Erfahrung	Der RPA-Berater sollte über unternehmensbereichsspezifische Erfahrung verfügen, um die entsprechenden Prozesse detailliert bewerten zu können. So unterscheiden sich Markt- und Marktfolgeprozesse in Banken maßgeblich voneinander.
Erfahrung in der Projektsteuerung	Der RPA-Berater sollte (komplexe) Projekte mit Beteiligten verschiedener Unternehmensbereiche und externer Dienstleister adäquat steuern und ggf. leiten können.
Erfahrung in der Vorbereitung und Begleitung strategischer Entscheidungen	Der Einsatz und die Ausrichtung von RPA sind strategische Entscheidungen, die vorzubereiten und anschließend umzusetzen sind. Zusätzlich benötigt jeder potenzielle RPA-Prozess eine business-case-basierte Entscheidung pro/contra Automatisierung. Der RPA-Berater sollte über entsprechendes Know-how verfügen.
Angebot von Schulungen	Der RPA-Berater sollte in der Lage sein, Mitarbeitende in Fach-, IT-, oder Organisationsbereichen im Umgang mit der ausgewählten Software zu schulen. Hierüber wird eine zügige Internalisierung von Know-how und damit eine Kostenreduktion ermöglicht.

Implementierungspartner Im Folgenden werden auch die teilweise bereits vorstehend beschriebenen Implementierungspartner einer genaueren Betrachtung unterzogen. Die Unterscheidung, welcher Anbieter hier welche Leistungen anbietet, ist nicht immer einfach. Deshalb wird im Folgenden eine Klassifizierung vorgenommen, die bei der Zuordnung und Abgrenzung der Anbieter untereinander hilft.

Lacity und Willcocks (2016, S. 33) nutzen die „Kundensicht". Sie unterscheiden Implementierungspartner (also auch Softwareanbieter) beispielhaft anhand der Art des „Sourcings" nach folgendem Schema:

1. Insourcing: Der direkte Kauf von RPA-Lizenzen vom Softwareanbieter.
2. Insourcing + Beratung: Der direkte Kauf von RPA-Lizenzen vom Softwareanbieter, ergänzt um die Inanspruchnahme von Beratungsdienstleistungen für Entwicklung der RPA-Artefakte und sonstige Tätigkeiten rund um RPA.
3. Outsourcing an einen etablierten BPO-Anbieter: Die RPA-Lösung ist beim Outsourcing-Dienstleister implementiert. Die Prozesse bleiben wie bisher – oder werden neu – an den Anbieter ausgelagert und dort mit RPA abgewickelt.

4. Outsourcing an einen (neueren) RPA-Anbieter: Diese Option kann als neuartig eingestuft werden, da RPA-Anbieter erst seit kurzem selbst als Outsourcing-Dienstleister
   auftreten.

5. „Cloud-Sourcing": Der Einsatz von RPA als Cloud-Lösung. Ein noch neuer Ansatz,
   der für die Finanzwirtschaft, als eine streng regulierte und mit höchst vertraulichen
   Daten agierende Branche, (noch zu) große Hürden beinhaltet.

Die hier vorgestellte Differenzierung fragt mittels des Kriteriums „Sourcing" danach, welche grundsätzliche Strategie aus Gesamtorganisationssicht bei der Nutzung von RPA verfolgt werden soll.

Dieses Kriterium ist jedoch nicht die einzige Möglichkeit, Implementierungspartner
voneinander zu unterscheiden. Im Folgenden wird eine abweichende Differenzierung vorgestellt, die nicht nur anhand dieses Kriteriums vorgeht. Die Sichtweise ist hier nicht nur
eine (RPA-)strategische. Vielmehr werden hier die strategische und die operative, umset-
zungsorientierte Sichtweise miteinander verbunden, indem anhand der Arten von Implementierungspartnern unterschieden wird. Gleichzeitig erfolgt hier eine Verbindung der
verschiedenen Typen, RPA-Berater und Implementierungspartner.

Abb. 4.1 zeigt vier verschiedene Typen von RPA-Beratern bzw. Implementierungspartnern, die sich anhand von vier Dimensionen unterscheiden lassen.[4] Diese Dimensionen
beschreiben einzelne Leistungen im Zusammenhang mit RPA:

1. Lizenzvertrieb
2. Softwareprogrammierung und Customizing
3. Implementierungsprojektdurchführung
4. Bankfachliche Prozessvorbereitung/-optimierung

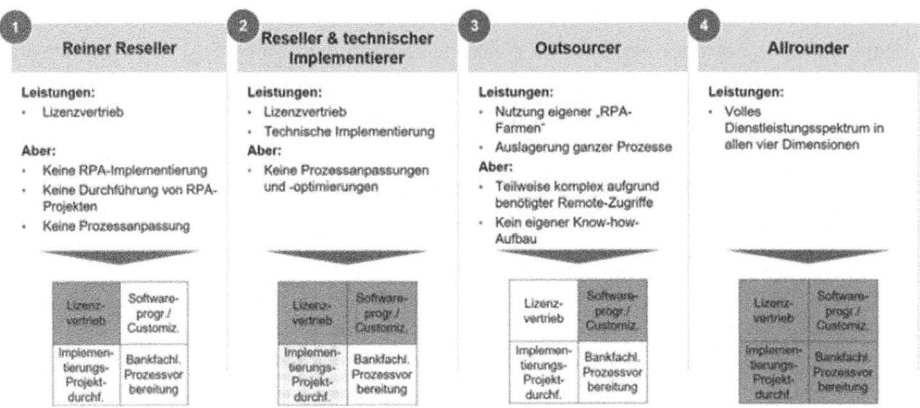

Abb. 4.1 Kategorisierung von Implementierungspartnern und RPA-Beratern. (Eigene Darstellung)

---

[4]Anstelle eines direkten Bezugs von RPA-Software beim Softwarehersteller wird hier von einem
Bezug bei einem Reseller ausgegangen – ein Fall, der in der Praxis erfahrungsgemäß häufiger
vorkommt.

Die vier Typen von Implementierungspartnern bieten jeweils ein unterschiedliches Spektrum an Leistungen im Bereich dieser Dimensionen an.

Reiner Reseller   Der reine Reseller vertreibt ausschließlich RPA-Lizenzen. Er unterstützt nicht bei der Implementierung der RPA-Lösung in der Organisation. Entsprechend führt er auch keine RPA-Projekte durch und nimmt keinerlei Prozessberatung oder -anpassungen vor. Je nach Vertragsausgestaltung kann beispielsweise ein First-, Second- und/oder Third-Level-Support des Resellers in Anspruch genommen werden.

Reseller und technischer Implementierer   In dieser Form vertreibt der Reseller ebenfalls RPA-Lizenzen. Hierüberhinaus bietet er seinen Kunden Unterstützung bei der technischen Implementierung der Software an. Dies bezieht sich auf Installation, Customizing und meist auch auf die Entwicklung der RPA-Artefakte.

Technische Implementierer verfügen im Regelfall über ein sehr umfangreiches technisches RPA-Knowhow. Sie sind in der Lage, komplexe RPA-Artefakte zu entwickeln und die Beschäftigten des Kunden in der eigenständigen Bedienung von RPA zu schulen. Eine genaue Branchen- und damit individuelle Prozesskenntnis ist hier der Ausnahmefall. Meist kann kein fachlich fundiertes Prozessmanagement, im Sinne einer Prozessbewertung und -optimierung geleistet werden.

Dennoch sollte auch hier Wert auf den Aspekt „Schulung" gelegt werden. Der Partner sollte in der Lage sein, die eigenen Mitarbeitenden ausreichend im Umgang mit der Software und im Aufsetzen eigener Artefakte zu schulen.

Outsourcer   Bei den Outsourcern handelt es sich meist um etablierte Dienstleister, die ihren Kunden schon seit Langem Auslagerungsdienstleistungen anbieten. Sie sind im Regelfall sehr erfahren im Prozessmanagement und in der -automatisierung. Diese Unternehmen setzen vermehrt auf RPA, um die Prozesse der Kunden, die an sie ausgelagert sind, effizienter abwickeln zu können (vgl. Willcocks & Lacity, 2016, S. 55). Der Fokus liegt hier meist auf einer Kostenreduktion.

Ein Nachteil bei der Nutzung von RPA-Lösungen der Outsourcer ist der Verbleib des gesamten RPA-Knowhows beim Dienstleister. Die auslagernde Organisation selbst kommt mit RPA nicht oder nur indirekt in Berührung. Diese Lösung scheint also nur dann sinnvoll, wenn keine langfristige unternehmenseigene RPA-Nutzung angestrebt wird.

Allrounder   Ein Allrounder bietet seinen Kunden das volle Dienstleistungsspektrum an, das für eine erfolgreiche Einführung und den erfolgreichen Betrieb von RPA notwendig ist. Er vertreibt RPA-Lizenzen und stellt unterschiedliche Support-Level zur Verfügung. Gleichzeitig ist er in der Lage, RPA-Implementierungsprojekte durchzuführen und entsprechendes Wissen an seine Kunden weiterzugeben (siehe Schulungsaspekt). Neben der technischen Implementierung und Entwicklung der RPA-Artefakte, ist der Allrounder in der Lage, ein aktives Prozessmanagement durchzuführen, also zu automatisierende Prozesse auszuwählen, zu bewerten und zu optimieren, bevor diese automatisiert werden.

▶ Welcher Typ von Implementierungspartner der passende ist, muss individuell entschieden werden. Die Entscheidung ist abhängig von Erwartungen an die Implementierung, organisationseigenem Know-how und nicht zuletzt vorhandenen Ressourcen. Wird langfristig eine Kostenreduktion mit RPA verfolgt, sollte vor allem Wert auf eine zügige Internalisierung von relevantem Know-how gelegt werden. Dies erfolgt vor allem zum einen durch Schulungen, zum anderen aber auch durch die ausreichende Einbindung von internen Mitarbeitenden in RPA-Umsetzungen.

Literatur

van der Aalst, W. M. P., Bichler, M., & Heinzl, A. (2018). Robotic Process Automation. *Business & Information Systems Engineering, 60*(4), 269–272. https://doi.org/10.1007/s12599-018-0542-4

AIMultiple. (2019). *RPA-Consulting*. https://blog.aimultiple.com/rpa-consulting/. Zugegriffen am 17.01.2019.

AIMultiple. (2023). *RPA vendors comparison*. https://blog.aimultiple.com/robotic-process-automation-rpa-vendors-comparison/#rpa-tool-list. Zugegriffen am 03.05.2023.

Dickgreber, F., Schneider, H., Warren, B., & Adam, R. (2018). Robotic Process Automation. https://crm.arvato.com/en/solutions/crm-and-customer-services/download/whitepaper-robotic-process-automation-rpa-for-finance-back-office-processes.html#download. Zugegriffen am 20.01.2019.

Fortune. (2023). RPA Market. https://www.fortunebusinessinsights.com/robotic-process-automation-rpa-market-102042. Zugegriffen am 02.05.2023.

Gartner. (2023). RPA software reviews and ratings. https://www.gartner.com/reviews/market/robotic-process-automation-software. Zugegriffen am 03.05.2023.

Grand View Research. (2018). Robotic Process Automation (RPA) Market Size, Share & Trends Analysis report by type (Software, Services), By Application (BFSI, Retail), By Organization, By Services, By Region, and Segment Forecasts, 2018 – 2025. https://www.grandviewresearch.com/press-release/global-robotic-process-automation-rpa-market. Zugegriffen am 20.01.2019.

Lacity, M., & Willcocks, L. (2016). Robotic Process Automation at Telefónica O2. *MIS Quarterly Executive, 15*(1), 21–35.

Tornbohm, C. (2018). Gartner schätzt RPA-Markt 2018 auf 680 Millionen US-Dollar. https://www.ecmguide.de/news/gartner-schaetzt-rpa-markt-2018-auf-680-millionen-us-dollar-24089.aspx. Zugegriffen am 20.01.2019.

Willcocks, L., & Lacity, M. (2016). *Service automation. Robots and the future of work*. Steve Brooks Publishing.

Die Implementierung von RPA-Lösungen 5

Zusammenfassung

Das Kapitel beschreibt ausführlich das Vorgehen bei der Implementierung von RPA. Ein besonderer Fokus wird hier auf Themen und Besonderheiten gelegt, die bei der erstmaligen Einführung von RPA innerhalb der Organisation relevant sind. Viele Aspekte gelten aber auch erst oder gerade bei Folgeimplementierungen. Es werden sämtliche Themen behandelt; vom Aufsetzen einer geeigneten Projektstruktur, über Prozessauswahl und -anpassung, Entwicklung, Test und Implementierung der automatisierten Prozesse, bis hin zu einer Sicherstellung des dauerhaften RPA-Betriebs. An vielen Stellen stehen hilfreiche Übersichten zur Verfügung, die auch als Checklisten für die Praxis verwendet werden können.

Das vorliegende Kapitel ist einer der wichtigsten Bausteine auf dem Weg hin zu einem effektiven und effizienten RPA-Einsatz in der eigenen Organisation. Die Relevanz wird deutlich, wenn noch einmal die in Abschn. 1.1 erwähnte Quote gescheiterter RPA-Projekte in Höhe von 30–50 % bzw. die aktuellen Herausforderungen bei der RPA-Nutzung betrachtet werden. Eine strukturierte und korrekte Herangehensweise kann dabei helfen, am Ende der RPA-Implementierung selbst zu den erfolgreichen RPA-Nutzern zu zählen. Bevor die Implementierung von RPA-Lösungen im Detail betrachtet werden kann, sind einige Vorüberlegungen erforderlich. So ist zunächst eine Fallunterscheidung zu treffen. Grundsätzlich kann die Implementierung von RPA in vier verschiedenen Formen erfolgen. Diese sind in Abb. 5.1 zu sehen.

Zunächst ist die erstmalige Implementierung von RPA von einer Folgeimplementierung zu trennen. Hiernach kann unterschieden werden, ob die Implementierung aus einem RPA-Projekt oder aus einer Linieneinheit heraus erfolgt. Mit letzterer kann eine reine RPA-Einheit, oder aber eine bestehende Linienabteilung, wie beispielsweise die Organisa-

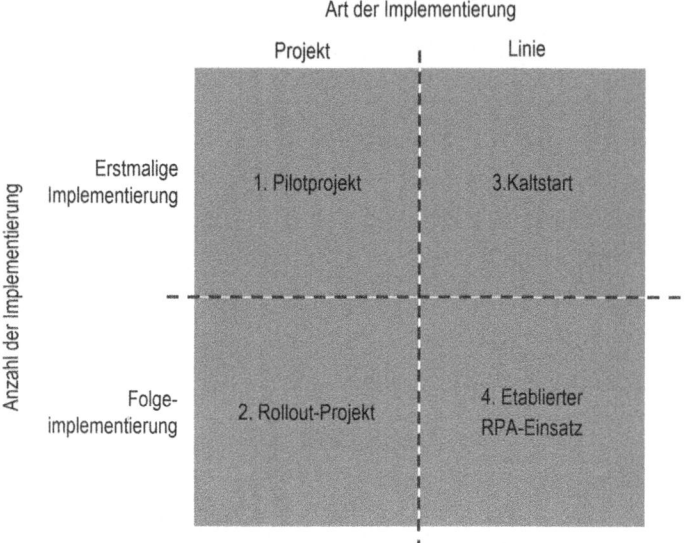

Abb. 5.1 Implementierungsformen. (Eigene Darstellung)

tionsabteilung, gemeint sein – die Differenzierung ist an dieser Stelle zunächst nicht weiter relevant.

Neben den hier aufgeführten sind auch weitere Formen der Implementierung denkbar. Diese stellen aber zum einen eher den Ausnahmefall als die Regel dar, zum anderen sind diese meist Abwandlungen der hier dargestellten Formen.

1. Fall „Pilotprojekt": Implementierung in Projektform als geeignete Variante bei Pilotierung und Ersteinführung der RPA-Technologie Die erstmalige Einführung einer neuen Technologie in einer Organisation erfordert regelmäßig größere Anstrengungen als beispielsweise die Ausweitung der Nutzung bereits etablierter Technologien. Es muss Fachwissen im Umgang mit der neuen Technologie aufgebaut werden, Fachbereiche und IT müssen eingebunden und Stakeholder überzeugt werden. Die Implementierung in Projektform bietet hierbei folgende Vorteile:

- Es stehen ausreichend Zeit, Budget und Ressourcen zur Verfügung.
- Eine hohe Aufmerksamkeit des Managements sowie idealerweise ein „Sponsoring" durch einen oder mehrere Entscheider sind gesichert.
- Eine (langfristige) Entscheidung für eine bestimmte Form der Linieneinordnung ist zu Projektbeginn noch nicht erforderlich. Die Entscheidung für die langfristige Implementierung in der Linie kann im Projektverlauf getroffen werden. So liegen erste Erfahrungswerte und fundierte Einschätzungen der Beteiligten vor.

Hier stellt sich die Frage, in welcher Art und Weise eine Erstimplementierung erfolgen sollte. Sollten eher viele oder nur wenige Prozesse parallel automatisiert werden? Wird zunächst mit der Automatisierung einfacher Prozesse begonnen, oder sollte der Nachweis der Funktionalität besser anhand komplexer Prozesse erfolgen?

▶ Die – einfach klingende – Lösung lautet, bereits zu Beginn in großen Dimensionen zu denken, jedoch klein zu starten (vgl. auch Willcocks et al., 2017, S. 19): Think big, start small.

Was dies konkret bedeutet: Bereits von Beginn an sollten entsprechende Strukturen geplant, die Infrastruktur vorbereitet und sämtliche beteiligte Bereiche und Personen eingebunden werden. Die ersten zu automatisierenden Prozesse sollten gleichzeitig aber zum einen wenige (ggf. nur ein einzelner) und zum anderen einfache, wenig komplexe Prozesse sein. So sind die Chancen auf schnelle Erfolge größer – ein wichtiger Faktor, wenn es darum geht, durch eine pilothafte Erstimplementierung Entscheider und auch Mitarbeitende von der Vorteilhaftigkeit einer RPA-Lösung zu überzeugen. Gleichzeitig sinkt das Risiko. Bis zum Nachweis eines ersten Automatisierungserfolgs wird in einem solchen Szenario weniger Zeit und Budget benötigt. Mögliche Projektstopps sind weniger kostenintensiv.

2. Fall „Rollout-Projekt": Implementierung in Projektform als geeignete Variante für umfangreiche, organisationsweite oder abteilungsübergreifende Rollouts der RPA-Technologie Wurde die Technologie bereits in der Organisation eingeführt und pilotiert, folgen oft schnell weitere potenzielle Prozesse, die es zu automatisieren gilt. Neben dem 4. Fall – der Implementierung aus der Linie heraus nach Etablierung der Technologie in der Organisation – eignet sich hierfür auch eine Implementierung in Projektform. Diese ist immer dann sinnvoll, wenn in einem kurzen Zeitraum eine große Anzahl an Prozessen automatisiert werden soll, viele unterschiedliche Beteiligte eingebunden werden müssen oder aber weiterführende Themen bearbeitet werden sollen – beispielsweise die Implementierung einer RPA-Governance (vgl. Kap. 6). Denn auch hier gilt, dass die Projektform Ressourcen und Budget allokiert. Gleichzeitig ist der Übergang aus dem Pilotprojekt regelmäßig in Form einer reinen Projektverlängerung, oder aber zumindest in ähnlichen Strukturen und damit einfach möglich.

3. Fall „Kaltstart": Implementierung in der Linie ohne vorheriges Pilotprojekt und ohne Kenntnis des „Fits" zwischen Technologie und Unternehmensbesonderheiten Betrachten wir zunächst die generellen Voraussetzungen für die Implementierung von RPA in der Linie. Diese bedingt, dass eine RPA-Unit vorhanden ist, die mit entsprechenden Rollen besetzt und mit Budget ausgestattet ist (vgl. hierzu die RPA-Governance Kap. 6). Gleichzeitig muss eine umfangreiche Erfahrung im Umgang mit der Technologie bei den handelnden Personen vorhanden sein. Diese Voraussetzungen lassen schnell erkennen, dass eine erstmalige Implementierung von RPA im Regelfall nicht in der Linie stattfinden sollte. Diese Möglichkeit wird deshalb im Folgenden nicht weiter betrachtet.

4. Fall „Etablierter RPA-Einsatz": Implementierung in der Linie erst nach Etablierung der RPA-Technologie in der Organisation Im Gegensatz zum dritten Fall lässt sich die hier beschriebene Vorgehensweise in der Praxis häufiger beobachten. Oftmals können bereits innerhalb des RPA-Einführungsprojekts die entsprechenden Rahmenbedingungen für einen langfristigen Einsatz der Technologie aus der Linie heraus geschaffen werden (Governance). Das jeweils organisationsindividuelle Zusammenspiel von RPA und Menschen, Prozessen und IT-Infrastruktur kann so optimal berücksichtigt und in den Aufbau der Linieneinheit einbezogen werden.

Vergleich von RPA-Implementierungen aus Projekten und aus der Linie heraus Tab. 5.1 stellt überblicksartig verschiedene Vor- und Nachteile einer Implementierung von RPA in Projekt- und in Linienform gegenüber. Der dritte Fall – die Implementierung in der Linie ohne vorheriges Pilotprojekt – wird hierbei bewusst aus der Betrachtung ausgeschlossen.

Tab. 5.1 Vor- und Nachteile der Implementierung in Projektform und in der Linie

Vorteile Implementierung Projekt	Nachteile Implementierung Projekt	Vorteile Implementierung Linie	Nachteile Implementierung Linie
Ausreichend Budget, Zeit und Ressourcen	Wissenstransfer in Linie nach Projektabschluss erforderlich	Dauerhafte Verankerung der automatisierten und der Automatisierung dienenden Prozesse in der Organisation	Höherer Ressourceneinsatz erforderlich, da Aufbau i. d. R. langfristig erfolgt
Hohe Aufmerksamkeit des Managements	Gefahr der Vernachlässigung des RPA-Betriebs, RPA-Release-managements, RPA-Fehlerhandlings, etc.	Hohe Akzeptanzschaffung bei Beschäftigten	Weniger Flexibilität im Reagieren auf Veränderung von Rahmenbedingungen
„Geschützter Raum", um Erfahrungen im Umgang mit RPA zu sammeln		Fokus nicht auf schnellem Erfolg, sondern langfristigem Einsatz	
Risikominimierend; zunächst Pilotierung möglich		Themen wie RPA-Betrieb, -Fehlerhandling, etc. meist stärker im Fokus	
Stakeholder und Beschäftigte können „behutsam" an Technologie herangeführt werden			

Ergebnisse der Experteninterviews
Die durchgeführten Experteninterviews belegen, dass die Erstimplementierung nahezu immer in Projektform erfolgt. Hauptgrund ist das anfangs noch fehlende Technologie-Know-how, das in Projektform einfacher durch externe Unterstützung eingebunden werden kann. Auch die Folgeimplementierungen werden häufig noch in Projektform durchgeführt, da der Übergang in den Linienbetrieb regelmäßig mehr Vorbereitungszeit in Anspruch nimmt, als das erste Projekt zur Verfügung stellt. Vereinzelt können auch organisationseigene Gründe für ein Beibehalten der Projektform sprechen, beispielsweise die einfachere Bereitstellung benötigter Budgets an Projekte als an Linieneinheiten, oder die ggf. größere Flexibilität der Projektform. Mittelfristig wird jedoch meist ein Übergang in die Linie für Folgeimplementierungen angestrebt.

Reifegrad von RPA innerhalb einer Organisation Murdoch (2018, Kap. „RPA in the Enterprise") und Willcocks und Lacity (2016, S. 124) unterscheiden drei Stufen des Reifegrads von RPA innerhalb einer Organisation:

1. **Initialisierung/Initiierung**
   Die Organisation beginnt mit der Nutzung von RPA oder hat vor Kurzem begonnen. Die Anzahl parallel arbeitender Bots beschränkt sich auf maximal 10–15, die automatisierten Prozesse sind eher homogen. Der Fokus sollte hier auf der Definition einer RPA-Strategie, der Schaffung von RPA-Governance und erweiterter Rahmenbedingungen liegen. Zusätzlich werden standardisierte Vorgehen zur Prozessauswahl, -automatisierung, usw. entwickelt.
2. **Industrialisierung**
   Eine deutlich größere Anzahl von Bots arbeitet parallel. Oft sind die Bots in einzelne Gruppen aufgeteilt, die wiederum bestimmte Prozessgruppen einzelner Geschäftsbereiche bearbeiten. Sie werden in diesem Zusammenhang auch als „Bot-Farmen" bezeichnet. RPA stellt hier bereits einen essenziellen Bestandteil der IT-Strategie dar.
3. **Institutionalisierung**
   Organisationen in dieser Phase überschreiten die Grenzen einer typischen RPA-Nutzung. Sie schalten andere Technologien ergänzend hinzu oder nutzen RPA für Bereiche, die nicht zu den üblichen Zielbereichen gehören. Die RPA-Kultur in der Organisation ist ausgeprägt, entsprechendes Know-how ist weit verbreitet und es werden umfangreiche Kennzahlen zur Messung und Verbesserung der RPA-Performance verwendet.

Diese drei Stufen können jeweils unterschiedliche Implikationen auf die Form der Implementierung haben. So ist insbesondere in den Stufen 2 und 3 von einer vorhandenen Integration von RPA in die Linienstruktur auszugehen (vgl. auch Kap. 6). Bezüglich der Art der Implementierung kann hier von Implementierungen aus der Linie heraus ausgegangen werden.

Abb. 5.2 stellt die Entwicklungsstufen bzw. Reifegrade von RPA grafisch dar. Hierbei wurde eine weitere Stufe eingefügt, die Phase der Etablierung. Die Initiierung wurde hierfür inhaltlich aufgeteilt, sodass eine einfachere Zuordnung möglich ist. In der Initiierungsphase geht es nun insbesondere um eine erste Pilotierung von RPA, während in einer zügig anschließenden Etablierungsphase der Ausbau auf mehrere RPA-Prozesse erfolgt.

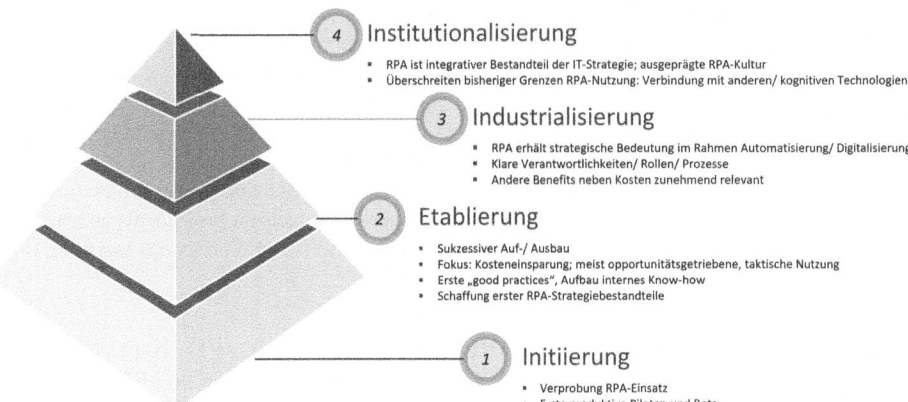

Abb. 5.2   Entwicklungsstufen RPA. (Eigene Darstellung, angelehnt an Murdoch (2018, Kap. „RPA in the Enterprise") und Willcocks und Lacity (2016, S. 124))

5.1   Überblick über das grundsätzliche Vorgehensmodell – Phasen

Wie vorab erläutert, findet die Implementierung einer RPA-Lösung meist in Projektform statt – zumindest, solange die Technologie in der anwendenden Organisation noch nicht etabliert ist. Im Folgenden gehen wir von einer erstmaligen Implementierung in Projektform aus. Wir befinden uns also im ersten Fall der Abb. 5.1. Abb. 5.3 beschreibt das grundsätzliche Vorgehensmodell für eine erfolgreiche RPA-Implementierung.

Das Vorgehensmodell kann – leicht abgewandelt – auch für größere Rollout-Projekte genutzt werden. Auch erfahrene RPA-Anwender können der hier beschriebenen Struktur folgen und in der Anwendung einzelne Schritte auslassen. So sind hier die Auswahl der geeigneten RPA-Lösung und die Durchführung eines Proof of Technique meist nicht mehr notwendig.

Die einzelnen Schritte werden in den nachfolgenden Kapiteln Abschn. 5.2, 5.3, 5.4, 5.5, 5.6, 5.6.1, 5.6.2, 5.6.3, 5.7, 5.8, 5.9, 5.10 und 5.11 detailliert beschrieben.

In der Praxis kommt es regelmäßig vor, dass zunächst die Auswahl einer RPA-Lösung und ein anschließender Proof of Technique erfolgen. So sollen Aufwände für das Aufsetzen einer Projektstruktur vermieden werden, bevor nicht sichergestellt ist, dass die Software auch technisch implementierbar ist. Außerdem sind die möglichen Implementierungskosten erst nach Auswahl der RPA-Lösung beziehungsweise deren Anbieter bekannt. In diesem Fall verschiebt sich das Aufsetzen der Projektstruktur (vgl. Abschn. 5.2) und wird zum dritten Schritt.

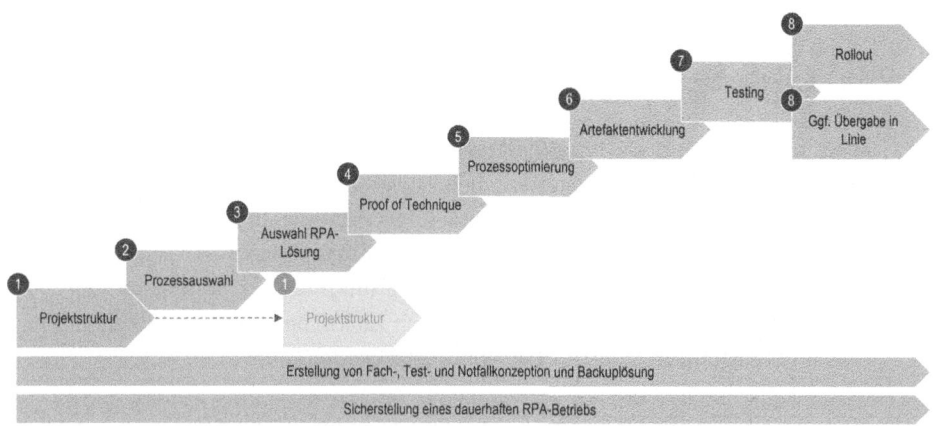

Abb. 5.3 Vorgehensmodell zur RPA-Implementierung. (Eigene Darstellung)

5.2 Aufsetzen einer geeigneten Projektstruktur

Der Beginn eines jeden Projekts besteht in der Definition seiner Ziele, Rahmenbedingungen, notwendigen Ressourcen, Rollen und des Projektteams – alles festgehalten im Projektauftrag. Anschließend folgen Projektplanung und -strukturierung, Ablaufplanung und Kostenschätzung (vgl. Meyer & Reher, 2016). All diese Schritte sind auch für das Aufsetzen eines RPA-Projekts erforderlich – der Umfang kann sich dabei selbstverständlich an der Dimension des Pilotprojekts orientieren.

Zielsetzung Die Zielsetzung eines RPA-Projekts besteht im Regelfall darin, einen ersten Prozess in der Organisation zu automatisieren. Ergänzt wird sie durch weitere Ziele, wie beispielsweise die Integration der RPA-Software in die organisationseigene IT-Infrastruktur, die Vorbereitung eines Rollouts der Technologie auf weitere Prozesse oder eine vorherige, grundsätzliche Prüfung, ob sich mittels RPA geeignete Business Cases in der Organisation finden lassen.

► Pilotprojekte zur Implementierung eines ersten RPA-Prozesses und zum Aufzeigen weiterer Potenziale lassen sich bereits mit wenig Zeit- und Kostenaufwand realisieren. Dank des einhergehenden geringen Risikos, gepaart mit Aussicht auf einen zügigen Return-on-Investment, stellen sie das wohl meistgewählte Vorgehen zum Aufsetzen von RPA-Initiativen dar.

Rahmenbedingungen Zu Beginn des Projekts sind relevante Stakeholder zu identifizieren und einzubinden. Hierzu gehören in der Finanzwirtschaft insbesondere der Revisions- und Compliance-Bereich, das IT-Sicherheitsmanagement und der Betriebsrat (vgl. hierzu Kap. 7). Die wohl bedeutendste Rolle nimmt regelmäßig der Fachbereich ein, in dessen Ver-

antwortung der zu automatisierende Prozess liegt. Dieser ist meist „Prozess-Owner", verantwortet also (fachlich) die zu automatisierenden Prozesse und besitzt das meiste inhaltliche
und prozessuale Know-how, das für eine spätere Automatisierung von großer Bedeutung ist.

▶   Alle Mitarbeitenden, die im Projektverlauf mit der neuen Technologie in Berührung
    kommen werden, sollten spätestens bei Projektbeginn umfassend informiert
    und – so weit wie möglich – integriert werden. Hiermit lässt sich Vorbehalten, aber
    auch Ängsten und Sorgen im Hinblick auf RPA frühzeitig begegnen. Gleichzeitig
    wird hierüber regelmäßig eine positive Erwartungshaltung gegenüber der
    (neuen) Technologie erzeugt und es entstehen zahlreiche Ideen, wo diese (zur
    eigenen Entlastung im Tagesgeschäft) eingesetzt werden kann.

Der Einsatz der RPA-Technologie ist von anderen, ähnlich gelagerten Technologien abzugrenzen – insbesondere, wenn diese Technologien ebenfalls innerhalb derselben Organisation verwendet werden. Genauso wichtig ist die frühzeitige Prüfung, inwieweit verschiedene Technologien des Prozessmanagements miteinander verbunden und gegenseitig
integriert werden können, um Synergieeffekte zu schaffen. Hier wird der Aspekt der „Hyperautomation" relevant, auf den später eingegangen wird.

Ressourcen und Team   Die erforderlichen Ressourcen (Zeit, Kosten und Arbeitskraft)
und die Zusammensetzung des Projektteams hängen stark vom Umfang des RPA-Projekts
ab. Ein RPA-Projekt zur Implementierung eines ersten automatisierten Prozesses kann –
entsprechende Rahmenbedingungen und Ressourcen vorausgesetzt – innerhalb weniger
Monate erfolgreich umgesetzt werden. Das Team sollte hierfür mindestens bestehen aus:

- Einem RPA-Projektmanager
- Einem RPA-Business-Analysten
- Einem RPA-Entwickler
- Mitarbeitenden aus dem IT- und relevanten Fachbereich

Während der RPA-Projektmanager die Projektleitung übernimmt, koordiniert und steuert,
kümmert sich der Business-Analyst um die Analyse, Aufnahme und etwaige Anpassung
des Prozesses. Der RPA-Entwickler setzt den Prozess später mit Hilfe der RPA-Software
als automatisierten Prozess um. Die Unterstützung des IT-Bereichs besteht insbesondere
in der Bereitstellung der erforderlichen IT-Infrastruktur, also der Hard- und Software,
Server, Datenbanken, etc. Der Fachbereich stellt die Prozessexperten und sichert eine spätere Einbindung des automatisierten Prozesses in den Produktionsbetrieb.

Es sind auch alternative Zusammensetzungen und Größendimensionen des Projektteams denkbar. So berichten beispielsweise Willcocks et al. (2017, S. 23) von einem mehr
als 20-köpfigen Team für die Erstimplementierung von zehn Pilotprozessen. Jedoch sind
auch hier ähnliche Rollenverteilungen zu identifizieren, wie im oben genannten Teamauf-
bau – meist nur mit mehreren statt einem Beschäftigten besetzt. Genauso können bei sehr
kleinen Implementierungen auch mehrere Rollen durch eine Person übernommen werden.

▶   Mit der Zusammensetzung eines RPA-Teams im langfristigen Betrieb (meist in
    Linienform), beschäftigt sich Abschn. 6.3. Die dortige Bezeichnung „RPA-Unit"
    grenzt die für RPA in der Linie verantwortliche Einheit vom hier betrachteten
    RPA-Projektteam ab.

Es bietet sich an, die Rollen des RPA-Projektmanagers, des RPA-Business-Analysten
und des RPA-Entwicklers mit RPA-erfahrenen externen Beratern zu besetzen oder diese
zumindest den internen Projektteilnehmern unterstützend an die Seite zu stellen – zumindest bei Erstimplementierungen. Diese können den Wissensaufbau beschleunigen und anfängliche Fehler in der RPA-Implementierung vermeiden. Zusätzlich bringen sie meist
große Erfahrungswerte und Best-Practices aus anderen RPA-Implementierungen in das
Projekt ein. In Summe – und vor allem durch die deutlich schnellere Implementierung –
lassen sich durch den Einsatz externer Berater oft sogar Kosten einsparen. Ein genaues Ab-
wägen und quantitatives Bewerten der Kosten für eigene Beistellleistungen (in Form von
Arbeitszeit der Beschäftigten) und der Kosten für die externe Beratung sind zielführend.

▶   Um einen schnellen Wissenstransfer zu erreichen, sollte die Projektarbeit nicht
    vollständig durch Berater erfolgen. Sinnvoller ist ein gemeinsames Arbeiten
    von internen und externen Projektteilnehmern.

Projektstruktur Eine Untergliederung in einzelne Teilprojekte wird erst bei größeren
RPA-Projekten erforderlich. Beispielsweise dann, wenn mehrere Prozesse zeitgleich automatisiert werden sollen oder diese sehr komplex sind. In solch einem Fall bietet sich folgende Teilprojekt-Struktur an:

• Organisatorische Implementierung von RPA
• Technische Implementierung von RPA (Infrastruktur)
• Prozessanalyse und -anpassung
• Automatisierung, Testing und Rollout

Dient das Projekt der Potenzialschätzung, so kann ein weiteres Teilprojekt für die RPA-
Potenzialanalyse aufgesetzt werden. Ebenso können umfangreich geplante Schulungsmaßnahmen die Einrichtung eines weiteren, separaten Teilprojekts „Schulungen" sinnvoll
werden lassen. Die hier vorgeschlagene Strukturierung ermöglicht weitestgehend paralle-
les und damit effizientes Arbeiten.

5.3   Auswahl der zu automatisierenden Prozesse

In einem nächsten Schritt erfolgt die Auswahl der zu automatisierenden Prozesse oder des
einen Pilotprozesses. Hierfür sind verschiedene Herangehensweisen denkbar, die in
Abb. 5.4 dargestellt sind. Sie unterscheiden sich in ihrem Grad an Komplexität und benötigter Zeit. Dieser nimmt von links nach rechts immer weiter zu. Zusätzlich unterscheiden

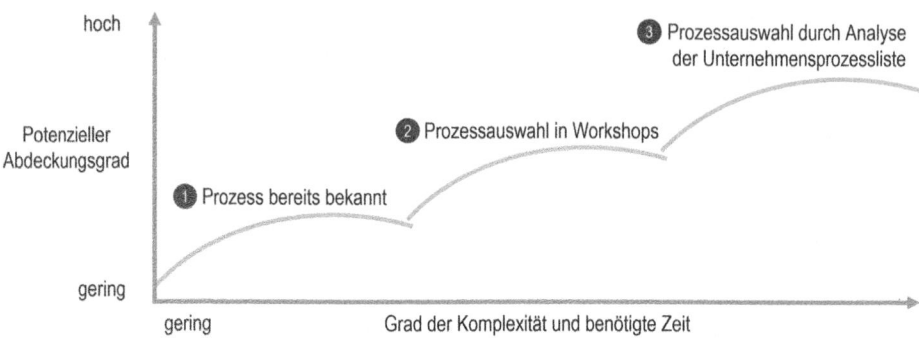

Abb. 5.4 Vorgehensweisen bei der Prozessauswahl. (Eigene Darstellung)

sie sich in ihrem potenziellen Abdeckungsgrad. Ein hoher potenzieller Abdeckungsgrad bedeutet, dass mit dieser Herangehensweise eine große Wahrscheinlichkeit besteht, alle mit RPA automatisierbaren Prozesse der Organisation oder des vorher bestimmten Bereichs zu identifizieren. Der Abdeckungsgrad nimmt von unten nach oben zu.

Detailbetrachtung der Herangehensweisen Im ersten Fall ist der Prozess bereits bei der Entscheidung für eine RPA-Einführung bekannt. Entweder wurde hier eine Automatisierungstechnologie für einen bestimmten Prozess gesucht und die Wahl ist auf RPA gefallen. Oder es wurde zunächst die RPA-Einführung beschlossen und die Prozesswahl war in dieser Entscheidung enthalten. Hier besteht keinerlei Komplexität in der Prozessauswahl, genauso wird keine Zeit benötigt. Allerdings ist der potenzielle Abdeckungsgrad sehr gering. In der Regel erfolgt die Prozessauswahl hier ohne oder mit nur geringen RPA-Erfahrungen der Entscheider, eine umfassende Prüfung verschiedener Prozesse bleibt aus.

Die zweite Herangehensweise ist komplexer und nimmt mehr Zeit in Anspruch. In einem oder mehreren Workshops werden die zu automatisierenden Prozesse bestimmt. Als Workshop-Teilnehmer bieten sich hier Prozessverantwortliche und Mitarbeitende der relevanten Fachbereiche an. Gemeinsam erfolgen ein erstes Kennenlernen der Technologie, ein gemeinsames Festlegen der Prozessauswahlkriterien und eine anschließende Entscheidung für einzelne Zielprozesse. Je größer die Anzahl der Teilnehmenden, desto größer die Chance, möglichst viele automatisierbare Prozesse zu identifizieren – allerdings zu Lasten von Komplexität und Zeit. Diese Herangehensweise bietet zusätzliche Vorteile. So werden relevante Mitarbeitende schon zeitlich früh eingebunden und idealerweise vom Nutzen der Technologie überzeugt. Mögliche Hürden bei der späteren Implementierung können schon hier identifiziert werden.

Die dritte Herangehensweise ist die komplexeste und zeitlich anspruchsvollste. Hier erfolgt die Prozessauswahl durch Prüfung sämtlicher in der Organisation dokumentierter Prozesse. Besitzt diese ein etabliertes Prozessmanagement, so sind meist alle Prozesse und Aufgaben dokumentiert und können analysiert werden. Ist dies nicht der Fall, könnten eine vorgeschaltete Prozessaufnahme und -dokumentation erfolgen, was aber in der Regel

den Umfang des RPA-Projekts überschreiten würde. Vorteil dieser Herangehensweise ist
der hiermit erzielbare vollständige Überblick über alle organisationsweit automatisierbaren Prozesse.

▶ **Tipp** Praxiserfahrungen zeigen, dass vor Projektbeginn häufig die dritte Herangehensweise präferiert wird. Von dieser wird sich besonders viel Input hinsichtlich einer umfassenden Bewertung der Technologie im Hinblick auf eine Automatisierung ganzer Bereiche oder des ganzen Unternehmens (in relevanten Bereichen) versprochen. Diese Gesamthauspotenzialanalyse ist möglich und kann
von fachkundigen Beratern (die sowohl über Technologie als auch Fach-Know-
how, also Bank-Prozess-Know-how verfügen) umgesetzt werden. Was hier aber
fehlt, sind ein schneller erster und sichtbarer Erfolg in Form einer ersten erfolgreichen Automatisierung und das „Mitnehmen" der Mitarbeitenden durch ein
erstes Ausprobieren von RPA, bspw. über die skizzierten Pilotprozesse.

Es empfiehlt sich deshalb immer mehr eine Wahl aus der ersten und zweiten
Alternative. Regelmäßig zeichnet sich schnell zu Projektbeginn ein Mischansatz
aus Alternativen 1 und 2 ab.

Auswahlkriterien Die Auswahlkriterien RPA-geeigneter Prozesse lassen sich grob in
technische und betriebswirtschaftliche Kriterien unterteilen. Während sich technische Kriterien auf die Eigenschaften des Prozessablaufs fokussieren, beziehen sich betriebswirtschaftliche Kriterien beispielsweise auf die Rentabilität einer Prozessautomatisierung. Sie
können insbesondere als Gradmesser für die Nutzenkriterien Kosteneinsparung, Qualitätssteigerung und Zeitreduktion dienen (vgl. Abschn. 2.3).[1]

Tab. 3.1 hat die technischen Kriterien zur Auswahl RPA-geeigneter Prozesse bereits
umfassend dargestellt und erläutert. Diese sollen nun um betriebswirtschaftliche Kriterien
ergänzt werden, um so einen vollständigen Kriterienkatalog zur Auswahl der im Imple-
mentierungsprojekt oder später automatisierbaren Prozesse zu erhalten. Tab. 5.2 stellt
mögliche Prozessauswahlkriterien dar – unterteilt in technische und betriebswirtschaftliche Kriterien. Auch hier gilt: Die Kriterien können in Teilen oder vollständig verwendet
werden, oder aber sogar mit einer Gewichtung versehen werden.

Die technischen Kriterien geben eine schnelle Antwort auf die Frage, ob ein Prozess
überhaupt automatisierbar ist. Die betriebswirtschaftlichen Kriterien hingegen bedürfen
einer weiterführenden Betrachtung. Für sich allein genommen, liefern sie noch keine valide Aussage für eine Prozessauswahl. Sie müssen entweder ins Verhältnis zu anderen Prozessen gesetzt werden (Benchmarking), oder – besser – mittels eines prozessindividuellen
Business Cases geprüft werden.

---

[1] Nicht immer werden die Kriterien in technische und betriebswirtschaftliche unterteilt. So teilen
beispielsweise Willcocks et al. (2017, S. 22) die von ihnen aufgeführten Kriterien Prozessstandardisierungsgrad, Regelbasiertheit, Prozessreifegrad und Transaktionsvolumina nicht weiter auf.

Tab. 5.2 Technische und betriebswirtschaftliche Prozessauswahlkriterien. (Vgl. Willcocks et al., 2017, S. 22; Allweyer, 2016, S. 4)

Kriterium	Technisch/ Betriebswirtschaftlich	Bemerkung
Standardisierungsgrad	Technisches Kriterium	Je standardisierter, desto eher kann eine Automatisierung erfolgen.
Regelbasiertheit	Technisches Kriterium	Der Prozess muss vollständig regelbasiert sein, um komplett automatisiert werden zu können. Andernfalls ist eine Teilautomatisierung zu prüfen.
Prozessstabilität/-reife	Technisches Kriterium	Je stabiler ein Prozess – d. h., je seltener der Prozess angepasst wird – desto rentabler ist die Automatisierung, da weniger Anpassungen des Bots im Betriebsablauf erfolgen müssen.
Komplexität	Technisches Kriterium	Je geringer die Komplexität, desto einfacher ist die Automatisierung.
Digitalität der Daten	Technisches Kriterium	Nur digitale Daten, können durch den Bot bearbeitet werden.
Strukturiertheit der Daten	Technisches Kriterium	RPA kann in seiner Reinform nur strukturierte Daten bearbeiten, d. h. solche, die der Bot in der vorher erwarteten Form erhält. Beliebig formulierte E-Mails eignen sich beispielsweise nicht, hierfür sind weiterführende Technologien erforderlich (vgl. Kap. 9).
Datentyp	Technisches Kriterium	Es eignen sich Text und Zahlen, weniger jedoch Bilder oder handschriftliche Daten. Hierfür sind ergänzende Technologien vorzuschalten (vgl. Abschn. 9.1).
Beteiligte Anwendungen	Technisches Kriterium	Je mehr Anwendungen der Prozess durchläuft und je höher die Anzahl der Systembrüche, desto sinnvoller eine Automatisierung mit RPA.
Fallhäufigkeit	Betriebswirtschaftliches Kriterium	Je größer die Fallhäufigkeit, desto rentabler ist eine Automatisierung, da tendenziell mehr Ist-Prozesskosten eingespart werden.
Prozesskosten	Betriebswirtschaftliches Kriterium	Wenn messbar/bekannt: Hier ist zu prüfen, wie hoch die Prozesskosten sind (und inwieweit diese durch eine Automatisierung reduzierbar sind). Grundsätzlich gilt: Je höher die Ist-Prozesskosten, desto eher lohnt sich die Automatisierung.
Fehleranfälligkeit	Betriebswirtschaftliches Kriterium	Je komplexer, variantenreicher und damit auch anspruchsvoller der Prozess, desto größer ist die tendenzielle Fehleranfälligkeit bei einer manuellen Bearbeitung. Hier kann mittels RPA eventuell eine Qualitätsverbesserung erzielt werden.
Prozessbearbeitungszeit	Betriebswirtschaftliches Kriterium	Wenn messbar/bekannt: Hier ist zu prüfen, wie hoch die Prozessbearbeitungszeit ist (und inwieweit diese durch eine Automatisierung reduzierbar ist). Grundsätzlich gilt: Je länger die Ist-Prozessbearbeitungszeit, desto eher lohnt sich die Automatisierung.

Zu den betriebswirtschaftlichen Kriterien gehört auch die Fehleranfälligkeit. Die Argumentation ist schlüssig, wenn bedacht wird, dass Fehler in aller Regel zu Zusatzaufwänden für deren Behebung oder aber sonstigen Kosten (Strafen o. ä.) führen. Gleichzeitig ist die Fehleranfälligkeit des Prozesses nicht nur ein betriebswirtschaftliches, sondern auch eigenständiges Kriterium. Wird mit der RPA-Implementierung das Ziel einer Qualitätssteigerung (also einer Fehlerreduktion) verfolgt, so ist dieses Kriterium das wohl maßgebliche und kann sogar noch höher priorisiert sein als eine Kosteneffizienz.

Prozessindividueller Business Case Ein prozessindividueller Business Case vergleicht die Prozesskosten im Ist-Zustand mit den möglichen Einsparungen durch eine Automatisierung. Die Einsparungen ergeben sich als Differenz zwischen den Prozesskosten im Ist-Zustand und den Kosten für die Automatisierung. Die Kosten für eine Automatisierung setzen sich insbesondere aus den folgenden Bausteinen zusammen:

Laufende Kosten für
- RPA-Software
- Zugehörige IT-Infrastruktur
- Schulungen/Trainings der RPA-verantwortlichen Beschäftigten
- „Betreuungskosten" für RPA- Bots
- Ggf. Anpassungsaufwand nach Releases der Zielanwendungen, etc.

Einmalige Kosten für
- Initialaufwand für Prozessaufnahme, -anpassung, etc.
- Technische Umsetzung Automatisierung, also Artefakt-Entwicklung und Testing
- Implementierung und Rollout

▶ Die gesamten Kosten für Implementierung und Betrieb einer RPA-Lösung – beziehungsweise für die Automatisierung eines Prozesses – werden auch als „Total Cost of Ownership" bezeichnet.

Die einmaligen Kosten für die Implementierung hängen maßgeblich vom Aufwand ab, der für die Automatisierung aufgebracht werden muss. Dieser wiederum bestimmt die Anzahl der Tage, die ein RPA-Entwickler zur Umsetzung der Automatisierung benötigt. Erfahrungsgemäß kommt es hier im Zeitablauf zu Lerneffekten. Die anfängliche Dauer für eine Prozessautomatisierung nimmt mit jedem weiteren Prozess bis hin zu einem Minimalwert an benötigter Zeit ab. Grund hierfür sind die anfangs meist umfangreicheren Erläuterungen, Diskussionen u. ä., die im Rahmen der Prozessanpassungen und eigentlichen -Automatisierung notwendig sind.

Ergebnisse der Experteninterviews

Andreas Albrecht, Leiter Open Digital Factory/DekaBank, berichtet, dass die durchschnittliche Entwicklungsdauer für die Automatisierung eines Prozesses mit RPA im eigenen Haus anfänglich bei rund 20 Tagen lag. Hierin enthalten waren neben der eigentlichen Implementierung des Prozesses auch IT Governance-bezogene Themen, Protokollierung, Logging, Fehlerhandling, Dokumentation und Diskussionen mit Prozessbeteiligten. Im Laufe der fortschreitenden Automatisierung von immer mehr Prozessen, konnte dieser Aufwand aufgrund der Standardisierung und zentralen Steuerung der Entwicklung schrittweise innerhalb eines Jahres reduziert werden, sodass die Entwicklungsdauer für einen RPA-Prozess mittlerweile durchschnittlich fünf Tage beträgt.

Hierbei ist zu beachten, dass die einmaligen Kosten – wie schon die Bezeichnung verrät – nur im ersten Laufzeitjahr anfallen. Dies führt dazu, dass der meist schon im ersten Laufzeitjahr positive Business Case im zweiten Jahr der Betrachtung noch einmal deutlich positiver ausfällt. Abb. 5.5 illustriert diesen Zusammenhang mit t als erstes Laufzeitjahr und t+1 als zweites Laufzeitjahr. Außerdem bearbeitet ein RPA-Bot im Regelfall mehr als nur einen Prozess, wenn auch sequenziell. Entsprechend sind die laufenden Kosten des Bots auf alle durch ihn durchgeführten Prozesse umzulegen.

Die Ermittlung der betriebswirtschaftlichen Kriterien ist nicht immer einfach. So liegen Prozessbearbeitungszeiten, -häufigkeiten und -kosten nicht immer vor. Die Kosten lassen sich zum Beispiel mittels einer häufigkeitsbasierten Prozesskostenrechnung – also anhand der Multiplikation von Bearbeitungszeit, Fallhäufigkeit und einem adäquaten Personalkostensatz – ermitteln oder liegen schon als Prozessstückkosten vor (beispielsweise bei outgesourcten Prozessen). Die Schwierigkeit besteht jedoch oft in der Grundlagenarbeit, nämlich der Messung exakter Bearbeitungszeiten und der Bestimmung der Häufigkeiten. Hierzu sei beispielsweise auf Fischermanns (2015) verwiesen. Ist eine genaue Ermittlung nicht möglich, können näherungsweise Schätzwerte der Prozessverantwortlichen oder der

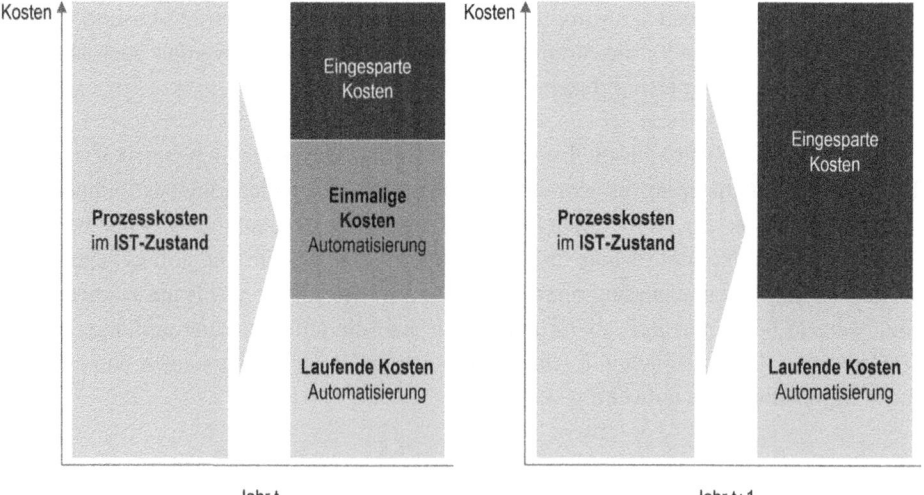

Abb. 5.5 Prozessindividueller Business Case. (Eigene Darstellung)

Prozessdurchführenden herangezogen werden, welche sich wiederum in Expertengesprächen oder Workshops erheben lassen.

Im Rahmen der Lizenzkosten gilt es zu beachten, dass je nach Größe und Umfang des RPA-Setups unterschiedliche Komponenten und ggf. größere Strukturen benötigt werden. So kann eine einzelne Bot-Lizenz für kleine Anwendungsfälle ausreichend sein. Für größere Anwendungsfälle und zunehmende Prozesskomplexität werden dann ggf. mehr Bot-Lizenzen und Steuerungseinheiten notwendig.

Alternativer Ansatz zur Prozessauswahl Einen alternativen Ansatz zur Auswahl automatisierbarer Prozesse beschreiben Lacity und Willcocks (2016, S. 30–31). Sie zeigen, dass Telefónica O2 die potenzielle Einsparung von mindestens drei FTE durch RPA als maßgebliches Kriterium für eine Prozessauswahl verwendet. Das heißt nur solche Prozesse werden automatisiert, die (rechnerisch) mindestens 3 FTE p.a. ersetzen. Zur Schätzung der FTE-Anzahl wird hierfür die Anzahl der Prozessdurchläufe ermittelt und mit der Prozessbearbeitungszeit multipliziert (sie sprechen hierbei von Prozesskomplexität – ob tatsächlich die Prozessbearbeitungszeit oder aber -durchlaufzeit gemeint ist, bleibt offen).

Abb. 5.6 stellt diesen Ansatz grafisch dar. Die Achsen können mit beliebigen Werten belegt werden. Lacity und Willcocks (2016, S. 31) vergeben für die Prozessbearbeitungszeit durch einen Menschen auf der horizontalen Achse einen Werteraum von gering, < 4 min, bis hoch, > 30 min je Prozessdurchlauf. Auf der vertikalen Achse reicht das Prozessvolumen, also die Anzahl der Prozessdurchläufe, von gering, < 30 pro Monat, bis hoch, > 1000 pro Woche. Die Grafik verdeutlicht, dass nicht nur Prozesse mit hohen Volumina eine auch betriebswirtschaftlich sinnvolle Automatisierung ermöglichen. Neben einem Prozess P1, der beispielsweise wöchentlich 1000-fach durchlaufen wird und nur wenige Minuten dauert, liefert ein nur wenige Male täglich ausgeführter Prozess P3, der

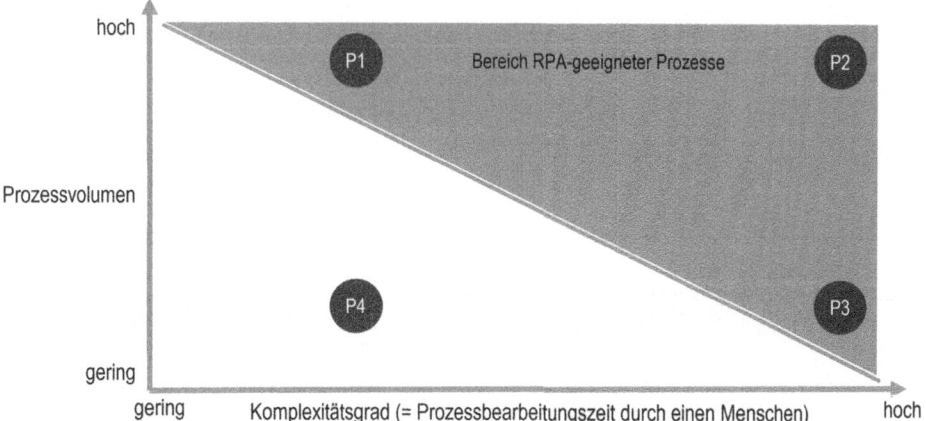

Abb. 5.6 Alternativer Ansatz zur Prozessauswahl von Telefónica O2. (Eigene Darstellung, in Anlehnung an Lacity & Willcocks, 2016, S. 31)

beispielsweise 60 min Zeit in Anspruch nimmt, ebenso große Einsparpotenziale. Auch der Prozess P2 wäre geeignet. Dieser besitzt ein hohes Prozessvolumen bei gleichzeitig hoher Komplexität. P2 bindet entsprechend viele FTE.[2] Der Prozess P4 hingegen wird weder häufig durchgeführt, noch ist dieser ausreichend komplex. Somit eignet er sich im hier vorgestellten Ansatz nicht für die Automatisierung mit RPA. Grundsätzlich gilt: Alle Prozesse oberhalb der diagonal verlaufenden Trennlinie – also diejenigen, die innerhalb des grau schraffierten Bereichs liegen – sind dem Ansatz folgend RPA-geeignet. Abb. 5.6 ist als Skizze zu verstehen. So sind insbesondere die Wertebereiche frei definierbar und entsprechend der Unternehmensgröße, eventuell aber auch entsprechend der individuellen Automatisierungskosten anzupassen. Der Ansatz eignet sich somit erst dann, wenn umfangreiche (organisationseigene) Erfahrungen mit RPA gesammelt werden konnten.

Prozesspriorisierung Ist eine ausreichende Menge an Prozessen (positiv im Hinblick auf eine Automatisierbarkeit) bewertet, gilt es diese zu priorisieren. Eine strukturierte Herangehensweise bietet sich allein schon zu Dokumentationszwecken an. Hierfür kommen verschiedene Tools in Frage, zum Beispiel die quantitative oder die qualitative ABC-Analyse sowie die Portfolio-Analyse (vgl. hierzu Fischermanns, 2015). Abb. 5.7 zeigt ein Beispiel für die Priorisierung mittels der Portfolio-Analyse. Die einzelnen Kriterien werden hierbei mit einem Wert von 1 bis 3 beurteilt. Es handelt sich um qualitative Einschätzungen. So wird beispielsweise die Anzahl der Prozessdurchläufe hier nicht gemessen, sondern ebenfalls geschätzt. Jedes Kriterium wird – relativ gegenüber den anderen Kriterien – gewichtet. Abschließend ergibt sich eine Gesamtpunktesumme und eine hieraus ab-

Kategorie	Attraktivität							Verbesserungspotenzial							Komplexität						
Kriterium	A1	A1g	A2	A2g	A3	A3g		V1	V1g	V2	V2g	V3	V3g		K1	K1g	K2	K2g			
Gewichtung Kriterium	1		2		1			3		1		1			1		1				
Name	Auswirkung Kunde	Strategische Bedeutung	Beteiligung Dienstleister		Summe Attraktivität			relative Häufigkeit		Erzielbare Qualitätsverbesserung		Reduktion Prozesszeit		Summe Verbesserungspotenzial	Prozesskomplexität		Aufwand Prozessanpassung		Summe Komplexität	Summe	Pri
Prozess 1	2	2	3	6	0	0	8	1	3	1	1	1	1	5	1	1	1	1	2	15	5
Prozess 2	3	3	3	6	1	1	10	2	6	1	1	2	2	9	3	3	2	2	5	24	1
Prozess 3	1	1	2	4	1	1	6	2	6	2	2	2	2	10	3	3	2	2	5	21	3
Prozess 4	2	2	1	2	1	1	5	3	9	2	2	3	3	14	1	1	3	3	4	23	2
Prozess 5	2	2	1	2	0	0	4	3	9	2	2	2	2	13	2	2	1	1	3	20	4

Abb. 5.7 Anwendungsbeispiel einer Portfolio-Analyse zur Prozesspriorisierung. (Eigene Darstellung in Anlehnung an Fischermanns, 2015)

---

[2] Lacity und Willcocks (2016, S. 31) legen eine Fläche auf Höhe der grauen Diagonallinie in Abb. 5.5 und bezeichnen diese als „automatisierbares Band". Die in diesem Bereich liegenden Prozesse eignen sich für eine Automatisierung, da sie die genannte Einsparung von mindestens drei FTE pro Jahr liefern. Das dort gewählte Band schließt jedoch hochvolumige und komplexe Prozesse, wie P2, aus. Aus diesem Grund wird hier eine erweiterte Darstellung des Ansatzes eingeführt.

geleitete Rangfolge beziehungsweise Priorität. Die verwendeten Kriterien entsprechen teilweise den in Tab. 5.2 genannten, teilweise handelt es sich um weiterführende Kriterien, die einen zielgerichteten Vergleich der Prozesse ermöglichen.

Die schlussendlichen priorisierten Prozesse werden als RPA-Prozesse ausgewählt und anschließend detailliert analysiert und gegebenenfalls angepasst (vgl. Abschn. 5.6). Vorher erfolgen im Abschn. 5.4 und 5.5 noch die Auswahl der richtigen RPA-Software und ein vorweggestellter Techniktest.

5.4 Auswahl der geeigneten RPA-Lösung

Nachdem Abschn. 4.2 bereits einen ersten Überblick über die derzeit am Markt vorhandenen RPA-Lösungen geliefert hat, geht es im vorliegenden Abschnitt um die eigentliche Auswahl der geeigneten RPA-Lösung.

Die Auswahl der geeignetsten RPA-Lösung geht eng mit der Auswahl der zu automatisierenden Prozesse einher. So interagieren manche RPA-Lösungen besser mit bestimmten Anwendungen als andere. Auch die Einfachheit der Artefakt-Entwicklung oder die Implementierbarkeit in der vorhandenen IT-Architektur können relevante Unterscheidungsmerkmale der einzelnen Lösungen sein.

Ein intensiver Auswahlprozess sollte niemals vernachlässigt werden. Der langfristige Erfolg von RPA für die gesamte Organisation hängt hiervon ab. So beginnt vom ersten Tag an ein sukzessiver Know-how-Aufbau im Umgang mit der ausgewählten Software. Spätere Softwarewechsel sind daher eher selten zu finden und sollten auch nur in Ausnahmefällen vorkommen. Neben dem Know-how-Verlust bzw. erforderlichen Neu-Aufbau ist auch eine „Migration" der automatisierten Prozesse hin zu einer neuen Software in aller Regel nicht möglich. Hier gilt es – aufbauend auf der dokumentierten Prozessanalyse/dem Fachkonzept – jedes Artefakt neu zu entwickeln – ein kosten- und zeitintensiver Weg.

In der Praxis findet der Softwareauswahlprozess oft in Kombination mit einem „Proof of Technique" ab (vgl. Abschn. 5.5). Insbesondere die Integrierbarkeit der RPA-Software in die eigene Anwendungslandschaft ist eines der im Folgenden aufgeführten und äußerst relevanten Entscheidungskriterien für die Softwareauswahl. Die endgültige Bestätigung über eine reibungslose Integrierbarkeit bietet erst der Proof of Technique. Folgende Vorgehensweise bei der Softwareauswahl hat sich bewährt:

1. Verschaffen eines Überblicks über den aktuellen RPA-Software-Markt
2. Erstauswahl (beispielsweise auf Basis Branchenschwerpunkt des Anbieters, benötigter grundsätzlicher Funktionalitäten, u. ä.)
3. Durchlaufen des Softwareauswahlprozesses – idealerweise unter Zuhilfenahme eines Request for Proposal (sofern die Anbieter eingebunden werden sollen)
4. Bei Bedarf: Vor-Ort-Präsentation und Durchführung des „Proof of Technique" durch eine verbleibende, kleine Anzahl von Anbietern
5. Auswahl der geeignetsten Lösung

▶ Die Erstellung eines **Request for Proposal** (RFP), also eines Dokuments mit
    detaillierten Anforderungen an die Software und Vertragsspezifikationen, hilft
    bei der intensiven Auseinandersetzung mit den eigenen Wünschen und
    formalisiert diese.

Nicht immer ist der – durchaus aufwendige und zeitintensive – Weg eines RFP notwendig. Insbesondere mit Hilfe von externen Spezialisten/Beratern lassen sich geeignete Softwares ohne ausführliche Angebotsanfragen- und Angaben identifizieren.

Tab. 5.3 verschafft einen Überblick über mögliche Auswahlkriterien für die passende RPA-Software. Bei Bedarf zeigt beispielsweise Porter-Roth (2002) ausführlich, was bei der Erstellung eines Request for Proposal zu beachten ist.

Die einzelnen Kategorien und Unterkategorien der Tab. 5.3 werden im Folgenden erläutert.

Einführungskosten Ist der Anbieter der RPA-Software gleichzeitig auch der Implementierungspartner – entwickelt dieser also die ersten RPA-Bots – so fallen hierfür Kosten an, die von Anbieter zu Anbieter abweichen. Die Kosten bestehen im Regelfall aus einer geschätzten Anzahl an Aufwandstagen multipliziert mit individuellen Tagessätzen. Als Alternative bieten sich Fixpreise an, zum Beispiel für eine bestimmte Anzahl von Prozessautomatisierungen oder sonstige Leistungen. Auch erfolgsabhängige Vergütungsmodelle sind möglich, hier bemisst sich die Vergütungshöhe des Anbieters (oder der sonstigen Berater) nach dem Implementierungserfolg, beispielsweise gemessen an der (rechnerischen) Kosten-Einsparungshöhe.

Tab. 5.3 Auswahlkriterien RPA-Software

Kategorie	Bei Bedarf: Unterkategorie
Kosten	Einführungskosten
Kosten	Lizenzkosten
Kosten	Zu erwartende sonstige Kosten
Software	Bestandteile (vgl. hierzu auch Abschn. 2.2)
Software	Bedienbarkeit (vgl. hierzu auch Abschn. 2.2)
Unterstützung/Trainings	
Revisions-, Informations- und Compliance-Sicherheit	
Systemvoraussetzungen und Integrationsfähigkeit	
Benötigte Beistellleistungen	
Qualifikation des Anbieters	Erfahrung des Anbieters in Branche, betrachtetem Prozessbereich, etc.
Qualifikation des Anbieters	Standort, Rechtsform, etc.
Support des Anbieters	
Produkt-Roadmap	

Lizenzkosten Hierunter fallen die eigentlichen Lizenzkosten der RPA-Software. Dies können Einmalkosten für einen Kauf der Software, oder aber regelmäßig anfallende Lizenzkosten sein. Nicht vergessen werden dürfen die Kosten für den laufenden Support durch den Softwareanbieter und für neue Softwarereleases, sofern diese anfallen (nicht zu verwechseln mit Kosten für den Support durch externe Entwickler etc. in der Betreuung der im Einsatz befindlichen automatisieren Prozesse). Je nach Kostentyp sind die Lizenzkosten (oder Einmalkosten für einen Softwarekauf) entsprechend bei der Erstellung der prozessindividuellen Business Cases zu berücksichtigen.

Zu erwartende sonstige Kosten Fallen weitere Kosten an, so können sie dieser Kategorie zugeordnet werden.

Software-Bestandteile und -Bedienbarkeit In dieser Kategorie wird geprüft, welche Bestandteile die Software beinhaltet und wie einfach die Bedienbarkeit der Software ist. Hintergrund ist immer die mittel- bis langfristige Zielsetzung, die Software irgendwann durch (interne) Beschäftigte betreuen und bedienen zu lassen. Die grafische Benutzeroberfläche der Softwares ist meist intuitiv bedienbar, die Software-Nutzung dadurch meist einfach.

Dennoch variieren die verschiedenen Softwares hier: Während die eine Software für die Bedienung durch einen nicht-IT-erfahrenen Fachbereichsanwender ausgelegt ist, benötigt die andere umfangreichere IT-Kenntnisse, bietet dafür aber vielleicht deutlich mehr Möglichkeiten (für mehr Details zur RPA-Technik siehe Abschn. 2.2).

▶   In der Praxis sollte die Entscheidung im Zweifelsfall auf die leichtere Bedienbarkeit fallen. Die Software-Anbieter sind sehr zügig in ihrer Weiterentwicklung, sodass neue – eventuell schwer programmierbare – Features meist schnell und einfach nutzbar zur Verfügung gestellt werden.

Der Trend geht eindeutig hin zu einer immer einfacheren, intuitiveren Bedienbarkeit der Softwares. Mittlerweile wird der Anwender durch Tool-Ergänzungen wie Klickaufzeichnungsmöglichkeiten bis hin zu kognitiven Komponenten dabei unterstützt, automatisierbare Prozesse am eigenen Arbeitsplatz zu identifizieren und einfach in ein RPA-Artefakt zu überführen.

Unterstützung/Trainings Insbesondere die seit Jahren etablierten Anbieter bieten eigene Schulungsprogramme, Trainingsmöglichkeiten und Zertifizierungen an. Beispiele hierfür sind die Automation Anywhere University oder die UiPath RPA Academy. Genauso bieten aber auch viele RPA-Berater und Implementierungspartner Trainingsmaßnahmen an. Vor dem Hintergrund der späteren Übergabe der Verantwortung in die Linie sollte dieser Kategorie hohe Aufmerksamkeit geschenkt werden. Ergänzend kann bereits hier die ungefähre Dauer der Schulungsmaßnahmen geprüft und verglichen werden.

Revisions-, Informations- und Compliance-Sicherheit Eine gute RPA-Software sollte in der Lage sein, sensible Daten und Informationen sicher zu handhaben. Zu überprüfen ist daher, ob die Software relevante Sicherheitsmaßnahmen wie Verschlüsselung und Zugriffskontrollen bietet. In der Finanzwirtschaft spielen insbesondere konkret Revisions-, Informations- und Compliance-Sicherheit eine bedeutende Rolle. In dieser Kategorie sind zwei Fragestellungen von Interesse:

1. Welche Erfahrungen bei der Berücksichtigung revisions-, informations- und compliance-relevanter Aspekte besitzt der Anbieter?
2. Welche Möglichkeiten zur Sicherstellung einer Revisions-, Informations- und Compliance-Sicherheit bietet die Software?

Es sollte ein umfangreiches Logging gewährleistet sein. Neben der sowieso meist vorhandenen Aufzeichnung der Eingaben durch die durch die RPA-Software automatisierte Anwendung, ist auch eine Aufzeichnung sämtlicher Tätigkeiten der RPA-Software selbst wichtig. Dies garantiert eine vollständige Nachvollziehbarkeit aller Tätigkeiten.

Neben RPA-Software-inhärenten Loggings lassen sich selbstverständlich auch individuelle Loggings erstellen, die der RPA-Bot in beliebiger Detailtiefe und in beliebigem Format erstellt. Umfang und Detailtiefe sollten vorher mit Revision und Compliance abgestimmt werden.

▶   In der Praxis stellt sich oft die Frage nach einem geeigneten Ablageort für die Loggings. Dieser muss revisions-, also veränderungssicher sein. Gleichzeitig sind aber auch Anforderungen des Datenschutzes zu berücksichtigen, spätestens bei der Arbeit mit Kundendaten. Ein gemeinsamer Austausch mit allen Beteiligten ist hier zielführend.

Die Anbieter von RPA-Softwares haben die große Nachfrage nach ausreichenden Sicherheitsvorkehrungen bereits erkannt und besitzen hier teilweise entsprechende Zertifizierungen – beispielsweise die Zertifizierung nach der Norm ISO/IEC 27001, die die Anforderungen an ein Informationssicherheitsmanagement definiert (vgl. beispielsweise WorkFusion, 2017).

Im späteren Praxiseinsatz der RPA-Bots können tiefergehende Fragestellungen relevant sein, beispielsweise: Arbeiten die RPA-Bots auch auf gesperrten Bildschirmen, die so vor dem unberechtigten Zugriff von außen geschützt sind? Auch diese sind frühestmöglich zu beantworten.

Systemvoraussetzungen und Integrationsfähigkeit In dieser Kategorie wird geprüft, ob die Software sowohl den Einzelarbeitsplatz-Betrieb als auch den Server-Betrieb zulässt. Erstere Form wird gerne für die erste Einführung von RPA in der Organisation oder zur gezielten Unterstützung von Beschäftigten an deren Arbeitsplätzen verwendet. Auch ein Einzelarbeitsplatz-Betrieb ist virtualisiert möglich, zum Beispiel durch virtuelle Desktops, die von den Mitarbeitenden individuell angesteuert werden können. Ein Server-

Betrieb ist oft einfacher skalierbar und bietet Vorteile in der Steuerung und Überwachung der RPA-Bots, benötigt jedoch eine größere Unterstützungsleistung der IT.

Die Integrationsfähigkeit beschreibt die Möglichkeit der RPA-Software, mit den organisationseigenen Anwendungen zu interagieren und diese zu bedienen. Hier ist es sinnvoll, bereits zu wissen, welche Anwendungen auch bei weiteren Automatisierungen genutzt werden sollen.

▶   Gerade in der Finanzwirtschaft sind die eingesetzten Anwendungen, beispielsweise Kernbanksysteme, oft sehr stark geschützt. Ein zeitlich früher Zugriffstest („Connectivity-Test"), idealerweise vor finaler Auswahl der Software, ist sinnvoll, um spätere neue Auswahlprozesse zu vermeiden.

Besondere Sorgfalt ist dann erforderlich, wenn die Organisation die bereits angesprochene Citrix-Umgebung o. ä. verwendet. Sofern hier keine anderen Lösungen gefunden werden, bleibt nur noch das Bedienen der Anwendung über das Auslesen von Bildschirminformationen. In diesem Fall ist eine Software erforderlich, die entsprechend umfangreiche Screen-Scraping-Fähigkeiten besitzt (vgl. zu den Nachteilen auch Abschn. 2.2).

Benötigte Beistellleistungen   Die meisten Anbieter sind in der Lage zu quantifizieren, wie hoch die benötigten Beistellleistungen des Kunden, dessen Prozesse automatisiert werden sollen, sind. Wie umfangreich ist die Installation, welche Anpassungen an der IT-Architektur sind erforderlich, etc.

▶   Erfahrungsgemäß ist ein Großteil der anfänglichen Beistellleistungen für Installation der Software, etc. durch den IT-Bereich zu erbringen.

Hiervon abzugrenzen sind Beistellleistungen für Projektdurchführung, Prozessauswahl, Prozessanpassung, Bot-Design, etc. Diese hängen nicht von der Softwareauswahl ab. Vielmehr werden diese durch Projektumfang und Verteilung zwischen internen und externen Projektteilnehmern bestimmt (vgl. hierzu Abschn. 5.2).

Qualifikation des Anbieters   In diese Kategorie können verschiedenste Kriterien fallen. Wie lange existiert der Anbieter, in welchem Land befindet sich sein Unternehmenssitz oder welche Anwendungsfälle seiner Software in vergleichbaren Unternehmen oder für vergleichbare Prozesse gibt es bereits. Auch sonstige Erfahrungen können hier abgefragt werden, beispielsweise im Umgang mit strengen Datenschutzanforderungen.

▶   Nicht alle Anbieter können Erfahrungen in Europa oder in Deutschland nachweisen. Vielfach finden sich lediglich Anwendungsbeispiele aus und von anderen Ländern und Kontinenten. Grundsätzlich kein Problem, jedoch ist gerade die Finanzwirtschaft in Deutschland und Europa stark reglementiert und stellt hohe Anforderungen an Software, die sie verwendet. Der Vorteil entsprechender Erfahrungen ist daher nicht von der Hand zu weisen.

Support des Anbieters Prozesse sind von unterschiedlich großer Bedeutung. In der Finanzwirtschaft ist für eine normale Geschäftsbank zum Beispiel die Ausführung des Zahlungsverkehrs von absoluter Geschäftsrelevanz. Ein Ausfall der hierfür relevanten Prozesse darf keinesfalls vorkommen.

Je größer die Relevanz eines automatisierten Prozesses ist, desto wichtiger ist ein zuverlässiger Support bei Softwareproblemen. In diesem Zusammenhang ist zu bewerten, welche Supportlevel der Softwareanbieter unterhält, ob der Support on-shore, near-shore, oder off-shore erfolgt und nicht zuletzt in welcher Sprache ein Support erfolgt.

Produkt-Roadmap Da RPA im Regelfall langfristig in der eigenen Organisation eingesetzt werden soll, spielen geplante Weiterentwicklungen der Software oder die Entwicklung zusätzlicher Komponenten eine wichtige Rolle. Dies können beispielsweise grundlegende Weiterentwicklungen wie die Ergänzung um kognitive Automatisierungskomponenten sein, aber auch Ergänzungen wie eine OCR-Komponente (vgl. hierzu auch Kap. 9).

Hier nicht betrachtet: Skalierbarkeit Im Rahmen des Softwareauswahlprozesses wird immer wieder die Frage nach der Skalierbarkeit der Software, also einer Erhöhung der Anzahl der Bots, gestellt. Die hier betrachteten Bots (die, wie eingangs beschrieben, keine Desktop-Bots sind) agieren eigenständig, meist gesteuert durch Orchestratoren, virtuelle Kontrollräume, u. ä. (vgl. auch Abschn. 2.2). Ihre Anzahl kann deshalb schnell und einfach erhöht werden. Die Skalierbarkeit wird deshalb hier bewusst nicht als Kriterium aufgeführt.

▷ Je größer und bedeutender das geplante Einführungsprojekt, desto umfangreicher wird der Softwareauswahlprozess. Es sollte geprüft werden, ob bereits hier unabhängige, externe Unterstützung herangezogen wird.

5.5   Durchführung eines Proof of Technique

Der sogenannte „Proof of Technique" (PoT) ist die technische Verprobung der im vorherigen Schritt ausgewählten RPA-Lösung. Die beiden Schritte können alternativ auch direkt in Kombination durchgeführt werden. Hierdurch lassen sich verschiedene Anbieter und die Performance der jeweiligen Lösung im Zusammenspiel mit den organisationseigenen Systemen ideal vergleichen.

Folgende Aspekte sollten unbedingt im Rahmen des PoT geprüft werden:

- **Installation** der Software auf den organisationseigenen Systemen
- **Zugriffsfähigkeit** auf zu automatisierende Zielanwendungen
- **(Aus-)Lesefähigkeit** von Feldinhalten
- **Schreibfähigkeit** der RPA-Software/Bedienbarkeit von Elementen der Zielanwendungen

Außerdem sind folgende Besonderheiten zu beachten:

Die Installation der RPA-Software sollte bereits in der IT-Infrastruktur stattfinden, in der die Software später eingesetzt wird. Dies können virtuelle Infrastrukturen, öffentliche oder private Cloudlösungen, Server-Client-Strukturen oder Desktopumgebungen sein. Eine entsprechende Vorbereitung der später benötigten Infrastruktur stellt auch eine schnelle Skalierbarkeit nach Einführung der Software sicher. Hierbei muss nicht zwingend eine testweise Installation in der Produktionsumgebung des Instituts stattfinden. Sind die Umgebungen beziehungsweise ihre Infrastruktur gleichartig aufgebaut, liefert ein PoT innerhalb der Entwicklungs- oder Testumgebung ebenfalls valide Ergebnisse.

Es empfiehlt sich – soweit möglich – auch die erst perspektivisch zu automatisierenden Anwendungen auf Konnektivität mit der RPA-Software hin zu untersuchen. So wird von vorneherein vermieden, dass ein späterer Wechsel auf eine alternative Software erforderlich wird. Ein paralleler Betrieb mehrerer alternativer Softwares ist ebenfalls ungünstig. Dieser verursacht signifikante Mehraufwände aufgrund unterschiedlicher Bedienbarkeit und damit einhergehender Trainingsanforderungen an die Beschäftigten, Release-Zyklen und Anforderungen an die IT-Infrastruktur.

5.6 Durchführung einer vorgeschalteten Prozessoptimierung

In einem ersten wichtigen Schritt hat Abschn. 2.4 die grundsätzliche Einordnung von RPA in das Rahmenwerk des Prozessmanagements vorgenommen. Diese gilt es nun zu vertiefen, indem zunächst noch einmal die Relevanz einer Prozessoptimierung in RPA-Projekten verdeutlicht wird. Anschließend folgt eine detaillierte Handlungsanleitung zur Optimierung und zur abschließenden Prozessdokumentation.

5.6.1 Prozessoptimierung in RPA-Projekten: Oft vernachlässigt, trotz hoher Relevanz

„Prozessoptimierung benötigen wir nicht mehr, wir nutzen jetzt RPA". Diese und ähnliche Aussagen finden sich leider immer noch, wenn von RPA die Rede ist. Die richtige Einordnung der für den Finanzdienstleistungssektor noch durchaus jungen Automatisierungstechnologie gelingt hier nicht immer. Die Frage, ob RPA die Prozessoptimierung in der Finanzwirtschaft tatsächlich überflüssig macht, ließe sich vorschnell mit Ja beantworten. RPA behandelt schließlich die Symptome ineffizienter Geschäftsprozesse, denen früher mit den bekannten Methoden der Prozessoptimierung begegnet wurde: Zu lange Prozesslaufzeiten, häufige Medienbrüche, die Beteiligung vieler Personen oder fehlendes Verantwortungsbewusstsein – oft aufgrund funktions- statt prozessorientierter Ablauforganisationen. Eine Prozessautomatisierung mit RPA bringt hier Geschwindigkeits-, Kosten- und Qualitätsvorteile, vermeintliche „Quick-Wins".

Bei genauerer Betrachtung zeigt sich, dass RPA so noch nicht sein volles Potenzial entfalten kann. Überflüssige Prozessschritte werden nicht eliminiert, sondern lediglich automatisiert und damit schneller durchlaufen. Die Notwendigkeit mehrfacher Datenerfassungen wird nicht hinterfragt. Anstelle von Menschen erzeugen Bots unnötige Datenberge. Qualitätsverbesserungen werden zwar erzielt, hierbei geht es aber lediglich um das Vermeiden von Fehlerfassungen anstatt prozessimmanenter Schwächen. Eine echte Qualitätsverbesserung der Prozesse, und damit die Möglichkeit zur Vermeidung an sich unnötiger Prüfschleifen, gelingt nicht. Bleiben die Prozesse komplex und nicht standardisiert, führt dies zu akzeptierter Ineffizienz und sogar in Kauf genommenen Fehlern in der Bearbeitung durch die Bots. Ausnahmen nehmen zu, es werden mehr Datensätze an Beschäftigte ausgesteuert. Dies wiederum erhöht Prozesslaufzeit und -kosten.

In einem ersten Schritt behandelt RPA also nur Symptome. Die Ursachenanalyse und -bekämpfung ineffizienter Geschäftsprozesse bleibt jedoch aus und kann nicht durch RPA ersetzt werden. Schaut man sich die IT und Organisation der Finanzdienstleister genauer an, werden die Ursachen ineffizienter Geschäftsprozesse ersichtlich: Kernprozesse von Finanzdienstleistern laufen in teils jahrzehntealten Softwarelandschaften ab. Historisch gewachsen und komplex, oft noch basierend auf veralteten Programmiersprachen. Hieraus resultieren eine Vielzahl an Schnittstellen und parallele Datenhaltungen.

Im Laufe der Jahre sind außerdem Anzahl und Komplexität der Geschäftsprozesse gewachsen. Veränderte Kundenbedürfnisse, steigende regulatorische Anforderungen und neue Produkte: Ein prozessorientiertes Denken und ein stringentes Ausrichten entlang der Kundenbedürfnisse wurden dabei oft vernachlässigt oder sind auf dieser Basis schlicht kaum umsetzbar.

Die Kombination dieser beiden Einflussfaktoren hat eine Vielzahl nicht-standardisierter Prozesse hervorgebracht, die auf verschiedene Systeme und Tools zurückgreifen und mit ineffizienten Abläufen Zeit, Qualität und am Ende Geld kosten.

5.6.2   RPA-technische und bankfachliche Prozessanpassung

Prozessanpassung als notwendige Vorstufe der Prozessautomatisierung Die Geschäftsprozesse sind deshalb vor Automatisierung immer auf Effizienz und Stringenz hin zu überprüfen und anzupassen. Nur so lassen sich die vollständigen Potenziale heben, die RPA bietet.

Die Prozessanpassung – oder auch -optimierung – sollte zwei Perspektiven berücksichtigen:

1. Die RPA-technische Perspektive
2. Die bankfachliche Perspektive

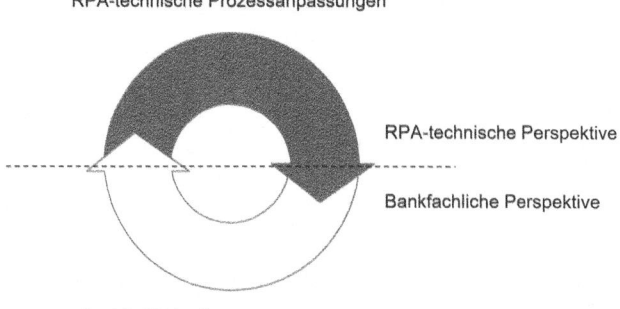

RPA-technische Prozessanpassungen

RPA-technische Perspektive

Bankfachliche Perspektive

Bankfachliche Prozessanpassungen

Abb. 5.8 Gegenstromverfahren bei der Prozessanpassung. (Eigene Darstellung)

Die Zielsetzung der RPA-technischen Perspektive ist es, den Prozess so anzupassen, dass a) der Bot einen möglichst großen Teil des Prozesses automatisiert bearbeiten kann und b) der Prozessdurchlauf mittels Bot möglichst schnell und effizient erfolgen kann. Die Zielsetzung der bankfachlichen Perspektive ist es, unnötige Arbeitsschritte zu vermeiden. Gleichzeitig gilt es, alle bankfachlichen Anforderungen ausreichend zu berücksichtigen. Diese stammen vermehrt auch aus gesetzlichen und regulatorischen Anforderungen, beispielsweise dem Kreditwesengesetz, der Abgabenordnung oder dem Geldwäschegesetz.

Die beiden Perspektiven dürfen nicht voneinander losgelöst betrachtet werden. Sie stehen in gegenseitiger Abhängigkeit. Eine bankfachliche Prozessanpassung erfordert im Nachgang wieder eine RPA-technische Bewertung der Anpassung – und umgekehrt. Damit folgt die Prozessoptimierung im Kontext von RPA einer Art Gegenstromverfahren, welches in Abb. 5.8 skizziert ist.

> **Beispiel**
>
> Der Prozess einer online durch den Kunden ausgelösten Kontoeröffnung erfolgt nicht immer automatisiert. Der Kunde trägt seine Daten zwar in einer Web-Maske ein, dieser werden jedoch nicht 1:1 in das Kernbanksystem der Bank übertragen. Einzelne oder der Großteil der notwendigen Schritte wird regelmäßig manuell und nachgelagert durchgeführt. Dies können zum Beispiel die Legitimation des Kunden, Abfragen bei der Schufa oder die Abfrage steuerlicher Merkmale beim Kunden sein. Aus RPA-technischer Sicht würde es sich anbieten, einzelne Abfragen nicht durchzuführen oder Antworten des Kunden nicht abzuwarten, um den Prozess schneller beenden zu können. Aus bankfachlicher Sicht hingegen sind die Abfragen eventuell zwingend vorgeschrieben und müssen ausgeführt werden. In diesem Fall könnte eine Verlagerung der Prozessschritte an den Anfang oder das Ende des Prozesses geprüft werden, oder eine Veränderung des Schrittes selbst – zum Beispiel ein Verzicht auf die handschriftliche Unterschrift des Kunden und den Ersatz durch eine elektronische Variante.
>
> Hier zeigt sich, dass RPA-technische und bankfachliche Anpassungen immer nur in gegenseitiger Abhängigkeit voneinander betrachtet werden dürfen. ◄

Vorgehensweise bei der Prozessanpassung Die Anpassung des Prozesses erfolgt in vier aufeinanderfolgenden Schritten:

1. Erhebung des Ist-Prozesses
2. Ermittlung der Prozessanforderungen
3. Definition des Soll-Prozesses
4. Prozessrealisierung

Erhebung des Ist-Prozesses Im ersten Schritt erfolgt die Erhebung des IST-Prozesses. Der Fokus sollte dabei auch auf technische Details gelegt werden, die beispielsweise aus fachlicher Sicht als nicht relevant eingestuft werden, aus RPA-Sicht aber durchaus bedeutend sein können. Es empfiehlt sich deshalb, an dieser Stelle Beschäftigte – interne oder auch externe – mit RPA-Know-how einzubinden.

Beispiel

Während die Lesbarkeit eines PDFs oder eines ähnlichen Formates für den menschlichen Nutzer unabhängig davon ist, ob es sich um ein Bild oder maschinenlesbaren Text handelt, kann diese Differenzierung für die Umsetzung eines RPA-Prozesses von größter Relevanz sein. RPA benötigt auslesbare Daten, handelt es sich um ein Bild, sind weitere Technologien notwendig (hier beispielsweise OCR). ◀

Ermittlung der Prozessanforderungen Im zweiten Schritt werden die Anforderungen definiert, die für eine Automatisierung an den Prozess zu stellen sind. Dies sind die oben beschriebenen RPA-technischen und bankfachlichen. Im Normalfall benötigt es etwas Zeit, die Anforderungen zu ermitteln, gegeneinander abzustimmen und ihre Umsetzung intern zu beschließen. Es sind regelmäßig unterschiedlichste Fachbereiche einzubinden. Im Idealfall – und im Falle einer projekthaften RPA-Implementierung – liegt die finale Entscheidungshoheit über mögliche Prozessanpassungen beim Projektteam selbst, andernfalls regelmäßig beim Prozessowner (sofern dieser nicht – idealerweise – selbst Mitglied des Projektteams ist).

Definition des Soll-Prozesses Im dritten Schritt wird der künftige RPA-Prozess als Soll-Prozess definiert. Die Definition erfolgt noch außerhalb aller Anwendungen – auf dem Papier. Hier werden die vorher aufgestellten Anforderungen berücksichtigt und entsprechend eingeplant. Nach Abschluss der Prozessdefinition sind eine Qualitätssicherung und Abnahme erforderlich – erneut aus RPA-technischer und aus bankfachlicher Sicht. Bereits hier können wichtige Entscheidungen getroffen werden, die den späteren Betrieb des Bots mitbestimmen. So stellt sich beispielsweise häufig die Frage, ob bestimmte Prüfroutinen in den eigentlichen Prozess eingebaut werden, oder ob diese in separaten Hilfs-Dateien abgelegt werden.

Der definierte Soll-Prozess wird idealerweise schriftlich fixiert. Hierfür bietet sich die Verwendung eines Prozess-Definitions-Dokuments an, das im weiteren Verlauf des Kapitels näher beschrieben wird. Dieses enthält sämtliche relevanten Prozessstammdaten wie Name, beteiligte Bereiche Verantwortlichkeiten und involvierte Systeme. Zusätzlich enthält es die vollständige Prozessbeschreibung auf einer Detailebene, die es einem Dritten später erlaubt, den automatisierten Prozess gegen die Sollvorgaben zu prüfen. Es ist also Anleitung für die Entwicklung, Grundlage für das spätere Testing und mögliche Kontrollvorgabe für Dritte (wie Revisoren) zugleich.

Beispiel

Bei der Durchführung eines Girokontowechsels ist zu prüfen, ob der vom Kunden gewünschte Wechsel zulässig ist. So ist es zum Beispiel volljährigen Kunden nicht möglich, ihr derzeitiges Kontomodell in ein kostenloses Kontomodell für Kinder zu übertragen. Solche Prüfroutinen können vielfältig und komplex sein. Werden diese im eigentlichen Prozess abgebildet, erfordert jede spätere Anpassung zulässiger Wechsel oder neuer Kontomodelle eine vollständige Anpassung diverser Prozessschritte. Durchläuft der Bot hingegen nur einen einzigen Prozessschritt, der das Prüfen einer Tabelle mit einer Kontowechselmatrix vorsieht, ist auch bei späteren Änderungen keine Prozessanpassung erforderlich. In diesem Fall wird mit geringem Aufwand lediglich die außerhalb des Prozesses gehaltene Datei aktualisiert. ◄

Prozessrealisierung   Im letzten Schritt werden die Prozessanpassungen umgesetzt, der Soll-Prozess wird zum Ist-Prozess. Im Hinblick auf eine anschließende Automatisierung sollte nun erneut eine Dokumentation bis auf die niedrigste Prozessschrittebene herab erfolgen. Die vorher erstellte Dokumentation kann entsprechend ergänzt oder verändert werden.

Voll- oder Teilautomatisierung   In der Praxis ist es oftmals nicht möglich, Prozess – in ihrer heutigen Form – vollständig zu automatisieren. So sind gerade im Kundendialog innerhalb der Finanzwirtschaft oftmals noch Ausdrucke zu tätigen und anschließend kundenseitig zu unterzeichnen. Dies ist ein ideales Beispiel für eine mögliche Teilautomatisierung. Der Großteil des Prozesses wird automatisiert durch einen Bot bearbeitet. An einzelnen Stellen unterstützen dann Menschen in der Ausführung manueller Prozessschritte. Ein weiteres Beispiel für eine Teilautomatisierung sind kontrollpflichtige Tätigkeiten in Form eines vorgeschriebenen Vieraugenprinzips. Hier kann entweder die Dateneingabe durch den Bot und die anschließende Kontrolle durch einen Menschen erfolgen oder umgekehrt.

Die Einbindung des Menschen in den Workflow kann unterschiedlich erfolgen. Denkbar ist bspw. die Aussteuerung von Entscheidungen durch Popups. Hier stellt der RPA-Bot die zu beantwortende Frage (bspw. ja/nein) mittels eines Eingabefelds an den menschlichen Entscheider. Nach Entscheidung kann der Bot entsprechend weiterarbeiten. Wichtig:

Die Punkte, an denen Entscheidungen zu treffen sind und die zur Auswahl stehenden Optionen, genau wie die dann jeweils anschließenden Schritte, müssen im Vorhinein allesamt definiert und lückenlos ausgestaltet sein. Anstelle von Eingabemasken hat sich in der Praxis auch eine E-Mailkommunikation zwischen Bot und menschlichem Entscheider bewährt. Neben einer solchen Interaktion innerhalb der „RPA-Umgebung" ist auch eine Integration des RPA-Tools in ein übergeordnetes Workflow-Management-System denkbar. Solche Systeme bieten oftmals umfassendere Möglichkeiten, können zu treffende Entscheidungen bspw. sammeln und dem Entscheider konsolidiert zur Verfügung stellen. RPA und Mensch sind hier – abstrahiert – zwei Komponenten, mit denen das Workflow-Management-System arbeitet.

5.6.3   Prozessdokumentation zur Vorbereitung der Artefakt-Entwicklung

Sowohl im Rahmen der Erhebung des Ist-Prozesses als auch während der Prozessrealisierung (vgl. Abschn. 5.6.2) erfolgt eine Dokumentation des Prozesses. Da für die spätere Entwicklung des RPA-Artefakts jedes Detail entscheidend ist, empfiehlt sich eine Dokumentation bis auf niedrigste Prozessschrittebene – bildlich gesprochen: „Jeder Mausklick und jede Systemeingabe sollten dokumentiert werden". Hierzu bietet es sich an, Tools zum Screen Recording einzusetzen.

Nicht nur für die Prozessautomatisierung ist die detaillierte Dokumentation erforderlich. Diese erfüllt weitere Funktionen (s. a. oben). Zum einen dient sie den Prozessabnehmenden und auch anderweitig prüfenden Einheiten als Medium, anhand dessen die korrekte Funktionalität des entwickelten RPA-Artefakts verifiziert werden kann. Zum anderen dient sie als eine Art Organisationsanweisung für den späteren Betrieb des Bots und kann bei erforderlichen Anpassungen laufend verändert werden.

Dokumentationsstruktur   Für eine spätere Artefakt-Entwicklung ist eine dreiteilige Dokumentationsform empfehlenswert:

1. Übersichtsseite mit allen relevanten Informationen (Stammdaten) wie
   a. Erstelldatum
   b. Revisionen/Anpassungen
   c. Erstellende Einheit/Person
   d. Prozessverantwortliche Einheit/Person
   e. Bot-Entwickler
   f. Ggf. weitere individuelle Informationen
2. Darstellung Gesamtprozess mit Ausweis der einzelnen Subprozesse
3. Einzelseite je Subprozess mit
   a. Vorher erstellten Screenshots auf niedrigster Detailebene
   b. Abbildung des Prozesses in Workflow-Diagramm-Form

c. Verbaler Beschreibung der Schritte

d. Hinweisen auf Besonderheiten

e. Verweisen auf zu verwende Zusatzdaten (beispielsweise Tabellen außerhalb der eigentlich zu automatisierenden Anwendung, die der Bot nutzen soll)

„Schreibtischtest" Bevor die Prozessdokumentation zum Einsatz kommt, wird ein sogenannter „Schreibtischtest" durchgeführt. Hierbei führt eine Person, die den zu automatisierenden Prozess nicht kennt, diesen ausschließlich auf Basis der Prozessdokumentation aus. Intuitive Eingaben oder willkürliche Entscheidungen sind nicht zulässig. Ist der Test erfolgreich, kann die eigentliche Entwicklung des Artefakts auf Basis der Dokumentation begonnen werden. Wenn nicht, sind weitere Detaillierungen in der Prozessdokumentation vorzunehmen.

5.7   (Agile) Entwicklung der Artefakte

Mit Abschluss der Prozessdokumentation liegt nun ein Zielprozess vor, der bankfachlich optimiert und RPA-technisch vorbereitet ist und damit automatisiert werden kann. Da der Prozess bereits „entwickelt" ist, bezeichnen wir den automatisierten Prozess zur Abgrenzung im Folgenden weiterhin als „(RPA-)Artefakt".

Die wohl zielführendste Form ist die agile Entwicklung des Artefakts. Insbesondere drei Aspekte sprechen hierfür:

1. RPA ist eine noch junge Technologie. Bei ihrer Einführung in der Organisation gilt es, alle Beteiligten von ihrer Leistungsfähigkeit und von ihrem Nutzen zu überzeugen. Dies ist umso einfacher, je schneller erste Ergebnisse sichtbar werden. Eine agile Vorgehensweise ermöglicht genau diese schnellen Erfolge, wie sich im Folgenden zeigen wird.

2. Die Entwicklung eines Artefakts, das alle Fälle möglicher Prozessdurchläufe abwickeln kann, ist oftmals nicht möglich. In der Praxis entsteht immer wieder ein kleiner Teil an Ausnahmesituationen, die ein Aussteuern des Prozessdurchlaufs an einen Menschen erforderlich machen. Ein anderer Teil an Ausnahmesituationen ist hingegen durchaus durch den Bot bearbeitbar, allerdings im Rahmen der Prozessdokumentation noch nicht identifiziert worden. Solche Fälle treten meist im Laufe der Entwicklung auf und machen ein Justieren oder Erweitern des Artefakts – noch innerhalb der Entwicklungsphase – erforderlich.

3. In der Praxis der Autoren hat sich immer wieder bestätigt, dass insbesondere Software-Entwicklungsprojekte oder solche Projekte, die in ihrem Vorgehen „Entwicklungs-nah" sind, von einem agilen Projektvorgehen profitieren – dies betrifft v. a. Geschwindigkeit, Flexibilität und Zufriedenheit der Projektstakeholder.

Die Vorgehensweise ist in Abb. 5.9 dargestellt. In einem ersten Schritt wird das Artefakt soweit entwickelt, dass es zwar schon den vollständigen Prozess abbildet, jedoch nur in seiner einfachsten und gerade lauffähigen Form. Das Artefakt kann in diesem Moment als „MVP – Minimal Viable Product" bezeichnet werden, einem in der agilen Entwicklung häufig verwendeten Begriff.[3] Bildlich gesprochen, wird hier zunächst nur der Hauptstrang des Prozesses abgebildet, sämtliche Nebenstränge, Ausnahmen oder Sondersituationen bleiben unberücksichtigt. Einfache Nebenstränge und Ausnahmen werden in einem zweiten Schritt entwickelt. Das Artefakt gewinnt dabei an Umfang und deckt bereits den Großteil aller vorkommenden Fälle ab. In einem dritten Schritt werden dann auch komplexere Nebenstränge, Ausnahmen und auch selten vorkommende Sondersituationen entwickelt.

Aufteilung auf mehrere Artefakte In manchen Fällen ist die Aufteilung in mehrere, kleine Artefakte (anstelle eines großen) sinnvoll. So bietet es sich an, komplexe Prozesse oder solche mit vielen unterschiedlichen Varianten (grafisch: „Verästelungen im Prozessbaum") in mehrere Artefakte aufzuteilen. Hierdurch wird ihre Komplexität reduziert und die Möglichkeiten für schnelle Artefaktanpassungen steigen. Ein weiterer Vorteil: Einzelne Artefakte können in anderen Prozessen wiederverwendet werden. Ein Beispiel hierfür ist die Benutzeranmeldung. Der Bot meldet sich mindestens täglich mit seiner Benutzerkennung in den automatisierten Anwendungen an. Ein einmal hierfür erstelltes Artefakt, kann beliebig oft für andere Prozesse eingesetzt werden.

Agilität, Scrum und Budgetierung Diese grundsätzliche Vorgehensweise aus drei Schritten lässt sich weiter verfeinern. So ist es denkbar, die einzelnen Schritte – dem agilen Gedanken (vgl. Schwaber & Sutherland, 2017) folgend – weiter in detailliertere Sprints zu unterteilen, sofern der zu automatisierende Prozess komplex ist und die Entwicklung entsprechend lange dauert. Aus dieser Vorgehensweise ergibt sich ein alternativer Budgetierungsansatz für RPA-Projekte. So ist es denkbar, dass die Entwicklungsbudgets für

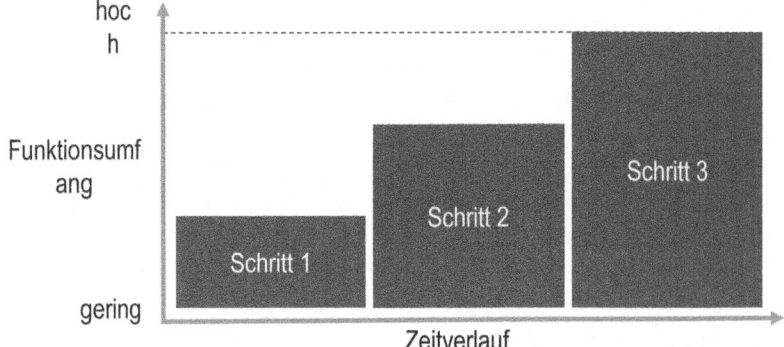

Abb. 5.9 Agile Entwicklung des Artefakts. (Eigene Darstellung)

---

[3] Der Begriff wurde durch Eric Ries geprägt (vgl. Ries, 2011).

jeden Sprint separat bereitgestellt werden. Vor jedem Sprint – beziehungsweise zum Abschluss jedes erfolgten Sprints – wird die Entscheidung getroffen, ob der Umfang des Artefakts bereits ausreicht, oder ob die Entwicklung fortgesetzt und weitere Nebenstränge, Ausnahmefälle und Sondersituationen entwickelt werden sollen. Hiermit kann die gewünschte Detailtiefe der Entwicklung gesteuert werden. Dies ist insbesondere dann sinnvoll, wenn von vorneherein Ausnahmefälle in Kauf genommen werden und eine 100 %-Automatisierung nicht unbedingte Zielsetzung ist. Dieses Vorgehen kann zur Sicherheit auf Entscheider-Seite beitragen und ein flexibles Steuern von RPA-Projekten ermöglichen.

Anwendungsumgebung für die Entwicklung Auch wenn keine Software im eigentlichen Sinne entwickelt wird, sollten bei der Artefakt-Entwicklung einige Grundsätze der Softwareentwicklung berücksichtigt werden. Ein relevanter Aspekt ist die Auswahl der richtigen Anwendungsumgebung. Hiermit ist die Zielanwendung gemeint, also die Anwendung, die durch den Bot bedient werden wird. Im Regelfall sind mindestens eine Test- und eine Produktionsumgebung vorhanden. Im Idealfall – und insbesondere dann, wenn es sich um Eigenentwicklungen handelt – gibt es zusätzlich eine Entwicklungsumgebung. In dieser werden neue Softwarebestandteile entwickelt und entwicklerseitig getestet. Hiernach folgt dann ein umfangreicherer Test – nicht mehr durch die Entwickler selbst – in der Testumgebung. Nach erfolgreichem Test werden die entwickelten Bestandteile in die Produktionsumgebung übertragen um im Produktionsbetrieb eingesetzt (vgl. hierzu auch Abschn. 2.2).

Die Entwicklung eines RPA-Artefaktes sollte in der Entwicklungs- zumindest aber in der Testumgebung erfolgen. Hier kann iterativ entwickelt und getestet werden. Fehler sind hier unkritisch, selbst wenn unbeabsichtigte Veränderungen an Datenbeständen vorgenommen werden. Nach erfolgreichem Test (vgl. Abschn. 5.8) kann das Artefakt dann in der Produktionsumgebung verwendet werden. Es gibt Ausnahmefälle, in denen a) entweder keine Entwicklungs- und Testumgebungen vorhanden sind oder b) diese soweit in ihrer Administration oder in ihrem Funktionsumfang von der Produktionsumgebung abweichen, dass die Entwicklung des RPA-Artefaktes hierin unmöglich ist. In diesem Fall muss die Entwicklung in der Produktionsumgebung erfolgen, ansonsten würden die einzelnen Prozessschritte nach einem späteren Umgebungswechsel zu stark abweichen. Ist dies der Fall, sind erweiterte Vorkehrungen zu treffen. So empfiehlt es sich:

- Userberechtigungen für Bots und Entwickler so stark wie möglich einzuschränken
- Vollumfängliche Loggings zu erstellen und diese regelmäßig, stichprobenartig zu kontrollieren
- Ausschließlich mit definierten Testdatensätzen zu arbeiten
- Prüfschleifen zu installieren, die sicherstellen, dass ein Prozess in der Entwicklungsphase nur auf Datensätze mit bestimmten Merkmalen zugreifen kann (zum Beispiel „Test" als Bestandteil eines Kundennamens)

Die organisationsindividuellen Erfordernisse sollten mit Revision und Informationssicherheitsmanagement abgestimmt werden.

▶   Immer wieder lässt sich in der Praxis feststellen, dass Anwendungsversionsstände in
    Entwicklungs-, Test- und Produktionsumgebung voneinander abweichen. Je nach
    Veränderungen zwischen den einzelnen Releases kann dies kritisch für die RPA-
    Umsetzung sein. Um unnötige Doppelarbeit zu vermeiden, gilt es daher vor jeder
    Artefaktentwicklung die Versionsstände der Umgebungen abzugleichen.

5.8   Testkonzeption, -durchführung und Artefaktabnahme

RPA- und Anwendungsentwicklung Das Thema „Test" wird im Zusammenhang mit
RPA erfahrungsgemäß erst (zu) spät im Projektverlauf berücksichtigt. Aus Sicht der Autoren liegt der Grund hierfür in der Rolle von RPA als Softwarelösung „an der Grenze zwischen dem Bezug unveränderter Fremdsoftware und der Eigenentwicklung". In der Finanzwirtschaft bestehen umfangreiche Regelungen, die den Umgang mit und das Testen
von selbst entwickelter Software beschreiben. Beispielhaft sind hier die Bankaufsichtlichen Anforderungen an die IT (BAIT) zu nennen, die die Mindestanforderungen an das
Risikomanagement (MaRisk) konkretisieren und der Anwendungsentwicklung sowie dem
zugehörigen Testen der Entwicklungen einen ganzen Abschnitt widmen (vgl. BaFin, 2021).

Es stellt sich folgerichtig die Frage, ob die Entwicklung eines RPA-Artefakts als Anwendungsentwicklung im Sinne der BAIT zu verstehen ist. Schließlich wird hier ja keine eigenständige Anwendung entwickelt. Vielmehr wird eine bestehende Anwendung konfiguriert
beziehungsweise individuell angepasst, was deutlich weniger komplex ist. Abschließend
kann die Frage nach Einordnung der Entwicklung von RPA-Artefakten vermutlich erst dann
beurteilt werden, wenn in den folgenden Jahren entsprechend konkrete Einschätzungen oder
verbindliche Aussagen hierzu vorliegen (vgl. zu regulatorischen Rahmenbedingungen von
RPA auch Abschn. 7.4). Die Beantwortung der Frage ist für die Praxis und für das im Folgenden beschriebene Vorgehen jedoch auch nicht weiter relevant. Jedes Finanzinstitut, das
die RPA-Technologie nutzt, hat ein ureigenes Interesse an der korrekten Funktionalität der
entwickelten RPA-Artefakte. Schließlich kann nur so ein fehlerfreier Prozessdurchlauf sichergestellt werden. Und nur ein vollumfängliches Testen der Artefakte beweist die volle
Funktionsfähigkeit und ermöglicht den Verantwortlichen eine Freigabe des RPA-Artefakts
für den Einsatz im Produktionsbetrieb. Aus diesem Grund ist es durchaus sinnvoll, die oben
genannten Vorgaben der BAIT (und selbstverständlich auch die organisationsinternen) für
das Testen von Anwendungsentwicklungen vollumfänglich zu berücksichtigen.

Vorgehensweise beim Testen neu entwickelter RPA-Artefakte Die hier empfohlene
Vorgehensweise beim Testen neuer (oder angepasster) RPA-Artefakte umfasst drei
Schritte.

Schritt 1: Erstellung Testkonzeption In einem ersten Schritt wird eine Testkonzeption erstellt. Diese beschreibt die Prozesse für die Testvorbereitung, Testdurchführung, Abnahme

der getesteten Artefakte sowie für die abschließende Freigabe. Abweichend von der hier gewählten kapitelchronologischen Vorgehensweise, kann und sollte die Erstellung der Konzeption zeitlich bereits sehr früh im Projektverlauf erfolgen. Idealerweise ist sie bereits vor Beginn der Artefakt-Entwicklung abgeschlossen oder zumindest in großen Teilen beendet. Hintergrund: Sieht die Testkonzeption bereits Testschleifen während der (agilen) Artefakt-Entwicklung vor, sind diese schon entsprechend früh zu berücksichtigen. In der Testkonzeption ist unter anderem festzulegen:

- wer die Tests durchführt,
- wann diese durchgeführt werden,
- welchen Umfang die Tests besitzen,
- wer die abschließende Abnahme durchführt und die Freigabe erteilt.

Das vorher erstellte Prozess-Definitions-Dokument kann eine gute Ausgangsbasis zur Erstellung der Testkonzeption bieten.

Schritt 2: Testdurchführung Der zweite Schritt beinhaltet die eigentliche Testdurchführung. Hier ist zunächst zwischen Entwicklertests und fachlichen Tests[4] zu differenzieren. Die hier behandelten Tests zählen zu letzterer Kategorie. Die Entwicklertests erfolgen laufend im Rahmen der Entwicklung der RPA-Artefakte (vgl. Abschn. 5.7). Wenngleich streng genommen ein abschließender fachlicher Test zur Abnahme der Artefakt-Entwicklung ausreichen würde, sind mehrere, zeitlich versetzte Tests dennoch sinnvoll. In Abb. 5.9 wurden die drei Schritte der Artefakt-Entwicklung beschrieben. Im Idealfall erfolgt bereits nach jedem der Schritte ein fachlicher Test mit anschließender Abnahme durch die fachlich Verantwortlichen. Hierdurch können Fehler und Anpassungsbedarfe rechtzeitig festgestellt werden. Zusätzlich verteilt sich der Testaufwand zeitlich über den Projektverlauf.[5] Diese Vorgehensweise entspricht außerdem dem gewählten agilen Grundgedanken bei der Artefakt-Entwicklung. Es stellt sich die Frage, wer die Funktion des fachlich Verantwortlichen und damit des „Abnehmenden" einnehmen sollte. Der Entwickler, der für die Erstellung des RPA-Artefakts verantwortlich ist, scheidet allein schon aus Gründen der Funktionstrennung aus. Existiert bereits ein Prozessverantwortlicher (oder auch „Process-Owner"[6]), so nimmt dieser idealerweise die Rolle des Abnehmenden ein. Andernfalls empfiehlt sich die Abnahme durch eine Person, die derzeit (fachlich) mit der Prozessdurchführung beauftragt und für den korrekten Output verantwortlich ist. Oft ist der Auftraggeber selbst eine dieser Personen, andernfalls kann dieser jedoch ebenfalls als Abnehmer agieren.

---

[4]Die hier verwendete Unterteilung weicht von der klassischen Unterteilung von Testarten im Bereich des Softwaretestens ab. Angelehnt an Letztere können die fachlichen Tests aber auch als Integrationstests betrachtet werden, wodurch sich der bekannte Ablauf von Entwicklertest/Functional-Test, über Integrationstest bis hin zum Abnahmetest ergibt (vgl. hierzu Pilorget, 2012).

[5]Was allerdings voraussetzt, dass einmal erfolgreich getestete Artefakt-Bestandteile in der nächsten Iteration nicht mehr vollumfänglich, sondern höchstens noch regressiv getestet werden.

[6]Vgl. zu den Rollen im Prozessmanagement beispielsweise Fischermanns (2015).

Tab. 5.4 Inhalte Testdokumentation. (In Anlehnung an BaFin, 2021, S. 15)

Inhalt	Erläuterung
Testfallbeschreibung	Einordnung des Testfalls und Beschreibung seines Inhalts
Parametrisierung des Testfalls	Erforderliche Vorarbeiten zur Testfalldurchführung
Verwendete Testdaten	Nennung der verwendeten Testdaten (beispielsweise Kundensatznummer)
Erwartetes Testergebnis	Möglichst spezifisch und messbar
Erzieltes Testergebnis	Erläuterung des erzielten Testergebnisses mit Bezug zum erwarteten Testergebnis (wurde das Testergebnis erreicht? Mit welchem Detail-Ergebnis? …)
Aus Tests abgeleitete Maßnahmen	Insbesondere im Negativfall: Erläuterung der eingeleiteten Maßnahmen zur Behebung der identifizierten Fehler

Die Testdurchführung – also die einzelnen Testfälle und deren Abarbeitung – ist ausreichend zu dokumentieren. Hierbei können beispielsweise die in Tab. 5.4 aufgeführten und in den BAIT definierten Punkte berücksichtigt werden (vgl. BaFin, 2021). Anzahl und Umfang der erforderlichen Testfälle sind individuell und insbesondere risikoorientiert festzulegen.[7]

Schritt 3: Abnahme und Freigabe Die Abnahme und Freigabe als dritter und damit letzter Schritt bestimmen über den produktiven Einsatz des entwickelten Artefakts. Sie sollten – wie im vorherigen Abschnitt erläutert – durch den fachlich Prozessverantwortlichen erfolgen. Dieser kann die Tests vorher selbst durchgeführt haben, oder aber die Testdurchführung delegiert haben. Für die Abnahme können zusätzliche Abnahmetests definiert werden (auch „User Acceptance Tests, UAT")s. Alternativ ist auch die Verwendung bereits bestehender Testfälle aus Schritt 2 möglich. Den Unterschied machen die verwendeten Daten. Während in Schritt 2 noch synthetisch erzeugte Testdaten verwendet wurden, erfolgt die Abnahme in Schritt 3 mit Echtdaten (vgl. Pilorget, 2012, S. 68–69).

Die Freigabe bestätigt, dass das entwickelte Artefakt den Vorgaben der Prozessdokumentation (vgl. Abschn. 5.6.3) entspricht und funktionsfähig ist. Dies muss nicht bedeuten, dass 100 % der Prozessdurchläufe korrekt ausgeführt werden müssen. Schließlich können Ausnahmefälle bewusst ausgesteuert und durch Menschen weiterbearbeitet werden. Jedoch dürfen nur die vorher definierten Ausnahmefälle eintreten. In allen anderen Fällen muss der Prozessdurchlauf korrekt durch den Bot abgewickelt werden – nur so ist das Artefakt voll funktionsfähig. Die Freigabe wird nachhaltig dokumentiert, beispielsweise per E-Mail oder Signatur. Zusätzlich wird das Artefakt in seiner freigegebenen Form abgelegt und gegen ungewollte oder unbemerkte Veränderung geschützt. Anschließend kann der produktive Einsatz aus technischer Sicht aufgenommen werden.

---

[7] Für eine tiefergehende Einführung in den Bereich Testing/Testmanagement siehe beispielsweise Pilorget (2012).

Testen im laufenden Betrieb Nicht nur im Zuge der Entwicklung neuer Artefakte ist ein Testen erforderlich. Sämtliche Veränderungen an bestehenden IT-Systemen und Anwendungen können Fehler bei der Ausführung der Artefakte entstehen lassen. Aus diesem Grund sollten nach jedem Releaseeinsatz – geplant oder ungeplant – in einer der automatisierten Anwendungen Tests des RPA-Artefakts durchgeführt werden. Für diesen Fall reichen regressive Tests aus – also das nochmalige Durchführen bereits vorher (erfolgreich) abgeschlossener Tests (vgl. Pilorget, 2012, S. 69–70). Diese sind mit weniger Aufwand verbunden, da keine Neuerstellung des gesamten Testfalls erforderlich ist.

RPA-Prozesse sind nicht nur Objekt von Regressionstests. Für die Durchführung von Regressionstests bietet sich RPA selbst als Tool zur Testautomatisierung hervorragend an. Regressionstests folgen einem standardisierten und i. d. R. nicht veränderlichen Ablauf – somit ein idealer Anwendungsfall für RPA. Hersteller wie UiPath bieten mittlerweile eigene Testautomatisierungslösungen innerhalb ihrer RPA-Plattformen an (vgl. UiPath, 2023).

Abschn. 5.10 beschäftigt sich noch einmal ausführlich mit den Anforderungen eines laufenden RPA-Betriebs.

Erfolgsfaktoren beim Testen Tab. 5.5 fasst die Erfolgsfaktoren eines erfolgreichen RPA-Testens zusammen und ergänzt diese um einzelne, weitere Faktoren.

Tab. 5.5 Erfolgsfaktoren für RPA-Tests

Erfolgsfaktor	Erläuterung
Orientierung an (regulatorischen) Vorgaben	Auch wenn die Entwicklung eines RPA-Artefakts keine Anwendungsentwicklung im eigentlichen Sinne ist, empfiehlt sich die Orientierung an regulatorischen Vorgaben wie den BAIT sowie die Nutzung bereits vorhandener, organisationsindividueller Richtlinien.
Phasentrennung	Entwicklertests, fachliche Tests (oder auch Integrationstests) und Abnahmetests sind zeitlich versetzt und im entsprechenden Umfang durchzuführen.
Funktionstrennung	Die Abnahmetests werden nicht durch die Entwickler durchgeführt.
Auswahl des Abnehmenden	Für die Rolle des Abnehmenden eignet sich der Auftraggeber oder der fachlich Prozessverantwortliche.
Durchführung von Positiv- und Negativtests	Während Positivtests die korrekte Prozessdurchführung bei Vorgabe richtiger Daten prüfen, verwenden Negativtests bewusst falsche Daten, um auf – gewollte – Fehlermeldungen oder Abbrüche hin zu prüfen (vgl. Pilorget, 2012, S. 69).
Durchführung von Lasttests	Bots arbeiten mit einer deutlich höheren Geschwindigkeit auf den Systemen, als Menschen. Limitierender Faktor ist insbesondere die Reaktionszeit der automatisierten Anwendungen. Daher ist es erforderlich, auch Lastsituationen – beispielsweise die gleichzeitige Arbeit mehrerer Bots in einer Anwendung – zu simulieren und Performanceprobleme festzustellen und zu beheben (vgl. Pilorget, 2012, S. 73).
Keine Anpassungen nach Abnahme	Nach Abnahme eines Artefakts bleibt dieses unverändert. Jede spätere Anpassung löst einen neuen Testzyklus aus, angefangen bei den Entwicklertests im Rahmen der Artefakt-Entwicklung.

5.9   Schaffen von Notfallkonzepten und Ausweichlösungen

Das Schaffen von Notfallkonzepten und Ausweichlösungen kann im Rahmen einer Erstimplementierung von RPA tatsächlich zeitlich erst an dieser Stelle erfolgen, also erst kurz vor einem Rollout. Sofern die Projektressourcen es zulassen, kann die Konzeption natürlich auch schon früher im Projektverlauf erfolgen.

Definition der Begrifflichkeiten Die beiden Begriffe „Notfallkonzept" und „Ausweichlösung" sind zunächst eindeutig zu definieren. Hierunter sollen Lösungen verstanden werden, die den Ausfall eines oder mehrerer RPA-Bots kompensieren können. Somit sind hier nicht die vorher definierten und damit geplanten Ausnahmefälle in Prozessabläufen gemeint, die nach wie vor durch Menschen bearbeitet werden, sondern die ungeplanten Ausnahmefälle, für die es zunächst keinen prozessual vorgegebenen Lösungsweg gibt.

Beispiel

Ein Prozess in einer Bank sieht vor, dass in vorher definierten Ausnahmefällen eine Kundenunterschrift erforderlich ist. Hierfür generiert der Bot Ausdrucke, die anschließend an den Kunden versendet werden. Diesen Schritt übernehmen Beschäftigte der Bank. Es handelt sich hierbei um einen geplanten Ausnahmefall.

Während die finalen Tests des neu entwickelten RPA-Artefakts durchgeführt werden, wird ein Notfallrelease in eine der automatisierten Anwendungen eingespielt. Das RPA-Projektteam erhält hiervon keine Kenntnis und berücksichtigt die Anpassungen nicht im Artefakt. Gleich nach Beginn des produktiven Bot-Einsatzes generiert der Bot Fehlermeldungen und führt keinen Prozess mehr abschließend aus. Hierbei handelt es sich um einen ungeplanten Ausnahmefall. Bis zur Problemidentifikation und -behebung sind Ausweichlösungen zu nutzen, die bereits vorher in einem Notfallkonzept definiert worden sind. ◄

Vorgehensweise Zunächst werden mögliche Szenarien definiert und beschrieben. So kann beispielsweise nach der Anzahl der ausgefallenen Bots unterschieden werden. Auch die Problemquelle eignet sich als Unterscheidungsmerkmal – handelt es sich beispielsweise um Probleme im Artefakt, der RPA-Software oder der zugrunde liegenden IT-Infrastruktur. In einem Zwischenschritt kann nun – je nach Bedarf – noch eine Priorisierung vorgenommen werden. Anschließend können Ausweichlösungen für die Szenarien geschaffen und dokumentiert werden. Solche Lösungen beinhalten im Regelfall die Aussteuerung an Beschäftigte der Fachbereiche. Hierbei ist allerdings zu berücksichtigen, dass diese oft andere Aufgabenbereiche besitzen und keine oder nur geringfügige Kapazitäten für die RPA-Ausnahmefälle bereithalten. Eine entsprechende Planung ist erforderlich.

Das Schaffen von Notfallkonzepten und Ausweichlösungen darf keinesfalls entfallen oder nur geringfügige Berücksichtigung finden. Im Notfallszenario müssen Beschäftigte die entsprechenden Prozesse kennen, die erforderlichen Berechtigungen besitzen, etc. Nicht zuletzt sei auch an dieser Stelle noch einmal auf regulatorische Anforderungen, wie beispielsweise die BAIT verwiesen, die entsprechende Rahmenbedingungen und Voraussetzungen für die Sicherstellung des IT-Betriebs fordern (vgl. BaFin, 2021).

5.10 Sicherstellung eines dauerhaften Betriebs der RPA-Lösung

Eigentlich könnte der produktive Einsatz des automatisierten Prozesses bereits an dieser Stelle erfolgen. In der Praxis geschieht dies auch regelmäßig. Hierbei werden jedoch einige für den dauerhaften Betrieb der Lösung relevante Vorbereitungen vernachlässigt. Nämlich insbesondere die technische Betreuung der Bots im Produktionsbetrieb, das Releasemanagement und auch die kontinuierliche und damit auch nachhaltig nachvollziehbare Dokumentation des automatisierten Prozesses und aller vorgenommenen Veränderungen.

Produktionsbetreuung Wie jede andere Anwendung – zum Beispiel die automatisierten –, benötigt auch die RPA-Software selbst eine ausreichende Betreuung während des Produktionsbetriebs. Hiermit wird gewährleistet, dass plötzlich auftretende Fehler analysiert und schnellstmöglich behoben werden können. Arbeiten die Bots tatsächlich 24 h durch und eventuell mehr als fünf Werktage pro Woche, kann die Sicherstellung der Produktionsbetreuung entsprechende Herausforderungen mit sich bringen und muss entsprechend umfassend geplant werden. Zur Anzahl erforderlicher Beschäftigter je Bot gibt es unterschiedliche Einschätzungen, die meist von ca. 0,1 bis 0,3 je Bot reichen. Dies bedeutet, dass eine Person ca. drei bis zehn Bots „betreut". Willcocks und Lacity (2016, S. 145) zeigen anhand einer Fallstudie ein Beispiel auf, in dem zwei Beschäftigte rund 300 Bots steuern und „betreuen". Umgerechnet bedeutet dies, dass die beiden zu Spitzenzeiten die Arbeit von ca. 600 äquivalenten Beschäftigten steuern. Die Relationen sind grundsätzlich abhängig von verschiedensten Faktoren, zum Beispiel dem Know-how der Betreuenden, dem Reifegrad von RPA innerhalb der Organisation oder auch der Komplexität und Stabilität der automatisierten Prozesse.

Die Beschäftigten der Produktionsbetreuung sollten so geschult sein und so viel RPA-Knowhow besitzen, dass sie den Großteil auftretender technischer Probleme selbst identifizieren, analysieren und beheben können. Hiermit ist insbesondere der technische Teil gemeint. Die Beschäftigten müssen weder Prozessverantwortliche sein noch fachliche Kenntnisse des automatisierten Prozesses besitzen. Vielmehr stehen diese den fachlich Verantwortlichen bei der Problembehebung zur Seite. Auch für die organisatorische Einordnung der Produktionsbetreuung gibt es verschiedene Ansätze. So wird diese oft im IT-Bereich gesehen, manchmal im Organisationsbereich und – selten – in anderen Bereichen, beispielsweise dem Fachbereich. Abschn. 6.3 beschäftigt sich ausführlich mit der organisatorischen Einordnung.

Releasemanagement Die größten Fehler im Releasemanagement von RPA-Lösungen resultieren aus einer mangelhaften Berücksichtigung der Releasezyklen der automatisierten Anwendungen. Denn nicht nur die RPA-Software selbst erhält in regelmäßigen Abständen Updates und Patches; sämtliche automatisierten Anwendungen ebenfalls. Hieraus kann eine umfangreiche, unterjährige „Release-Roadmap" entstehen, wie das Beispiel in Abb. 5.10 zeigt. In der beispielhaften Ein-Jahres-Release-Roadmap handelt es sich um einen fiktiven, mit RPA automatisierten Backoffice-Prozess. Beteiligte und damit automatisierte Anwendungen sind das Kernbanksystem, ein Ticketsystem, die E-Mail-Anwendung der Bank sowie eine CRM-Anwendung. Die RPA-Software selbst erhält ein Release p.a. Das Kernbanksystem und das CRM-System sogar zwei. Die beiden anderen Anwendungen jeweils eins. Hinzu kommen mögliche, nicht im Voraus geplante Notfall-Releases und -Patches. Diese sind in Abb. 5.10 ebenfalls eingezeichnet, in der Realität jedoch natürlich nicht planbar. Um die jeweiligen Release-Daten herum ist auf der horizontalen Zeitachse skizzenhaft der Zeitraum gekennzeichnet, in dem die Release-Vor- und -Nachbereitungen sowie die eigentliche Durchführung stattfinden.

Schnell ist erkennbar, dass nahezu das gesamte Jahr über Aktivitäten erforderlich sind. Im ersten Moment stellt sich die Frage, wieso die RPA-Produktionsbetreuung beispielsweise vom Release des Kernbanksystems betroffen ist. Hierum kümmert sich schließlich die Anwendungsbetreuung des Kernbanksystems selbst. Die Besonderheiten liegen im Detail. Selbst wenn für den menschlichen Anwender keine großen Veränderungen erkennbar sind, so verändern sich oftmals doch einzelne Eingabefelder oder andere Details innerhalb der Anwendung. Ein einfaches Verschieben von Eingabefeldern innerhalb einer Eingabemaske ist aus RPA-Sicht meist unkritisch, da die Bots heutzutage in aller Regel nicht mehr über Bildschirm-Koordinaten arbeiten, sondern die Felder direkt über deren Identifikationsmerkmale ansteuern.

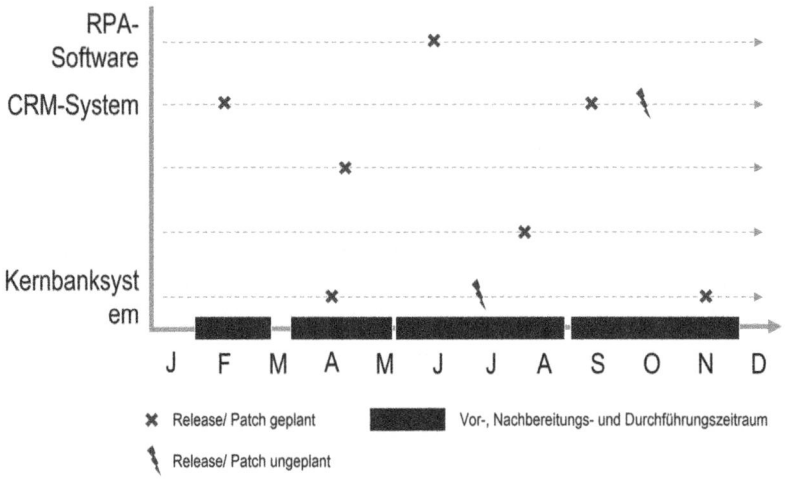

Abb. 5.10   Release-Roadmap RPA. (Eigene Darstellung)

Kommen hingegen neue Felder hinzu – sind also weitere Eingaben zu tätigen – so ist eine Anpassung des RPA-Artefakts erforderlich. Dieser Vorgang ist vergleichbar mit der Schulung oder zumindest Information der Beschäftigten über Veränderungen in der Anwendung. Auch der Bot muss hier „geschult" werden, in dem das Artefakt entsprechend angepasst wird. Dies muss nicht zwingend durch die mit dem Releasemanagement befassten Beschäftigten erfolgen. Jedoch müssen diese die prozessverantwortlichen Kolleginnen und Kollegen bezüglich der anstehenden Veränderungen informieren. Letztere wiederum übernehmen dann die Artefakt-Anpassung. Für diese Anpassung ist dann der bekannte Ablauf von Prozessanpassung beziehungsweise -optimierung, Artefakt-Entwicklung (beziehungsweise hier -Anpassung) und anschließendem Testing mit Freigabe zu durchlaufen (vgl. Abschn. 5.6, 5.6.1, 5.6.2, 5.6.3, 5.7 und 5.8). Dieser Ablauf unterscheidet sich allerdings von dem im gesamten Kap. 5 beschriebenen Ablauf einer RPA-Implementierung insofern, als dass hier keine grundlegenden Rahmenbedingungen mehr geschaffen werden müssen, wie beispielsweise das Schaffen von Notfallkonzepten und Ausweichlösungen. Jedoch müssen Letztere – und auch alle anderen Rahmenbedingungen – bei releasebedingten Veränderungen überprüft werden, ob diese auch nach wie vor noch Gültigkeit besitzen oder hier ein Anpassungsbedarf vorliegt. Abb. 5.11 stellt das Vorgehen grafisch dar. Anders als in Abb. 5.3 sind hier nur die drei markierten Schritte relevant. Diese werden im Zeitablauf immer wieder – zyklusartig – durchlaufen.

Die Aufgabe des Releasemanagements liegt also insbesondere in der Prüfung von Release-Ankündigungen und deren Bewertung hinsichtlich einer Beeinflussung der automatisierten Prozesse. Es sind also technische Kenntnisse, aber auch (fachliche) Prozesskenntnisse erforderlich. Deshalb ist es sinnvoll, das Releasemanagement innerhalb der RPA-Unit anzusiedeln (vgl. hierzu Kap. 6).

▶ Die Komplexität in Abb. 5.10 zeigt, dass die Erstellung und Pflege einer eigenen Release-Roadmap für jeden automatisierten Prozess empfehlenswert sind. Nur so lassen sich frühzeitige Anpassungen vornehmen und Fehler vermeiden.

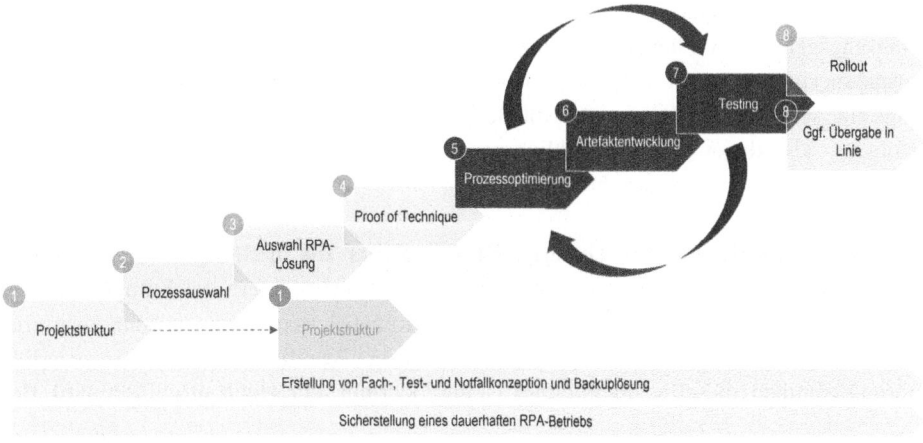

Abb. 5.11 Vorgehensmodell zur Anpassung von RPA-Artefakten. (Eigene Darstellung)

Dokumentation Im Rahmen der erstmaligen Automatisierung eines Prozesses finden eine umfangreiche Prozessaufnahme, -anpassung und anschließende detaillierte Dokumentation des Prozesses statt (vgl. Abschn. 5.6). Diese Dokumentation darf keinesfalls als statisch betrachtet werden. Wie vorstehend beschrieben, unterliegt der Prozess kontinuierlichen Veränderungen. Diese müssen nicht immer release- oder patch-bedingt sein. Genauso können Anforderungen zur Prozessanpassung aus den Fachbereichen eben solche erforderlich machen.

Sämtliche Anpassungen am automatisierten Prozess sind entsprechend zu dokumentieren. Hierfür sollte die ursprünglich erstellte Prozessdokumentation genutzt und als neue, angepasste Version abgelegt werden. Diese kontinuierliche und möglichst genaue Dokumentation ist aus mehreren Gründen erforderlich:

- Die Dokumentation dient der Artefakt-Entwicklung als Handlungsanleitung.
- Die Dokumentation ist die Grundlage des fertig entwickelten Artefakts und dient bei Test und Abnahme als maßgebliches Vergleichsmedium.
- Abweichungen zwischen Prozessablauf des Bots und Prozessdokumentation können zu Fehlern und (Fehl-) Alarmen in der Überwachung durch Compliance und Revision führen.

5.11 RPA-Rollout

Der letzte Schritt in der hier beschriebenen Vorgehensweise bei der Umsetzung einer RPA-Implementierung ist der Rollout der RPA-Lösung. Dies meint hier die eigentliche Produktivnahme des RPA-Artefakts. Die RPA-Software ist lizensiert, die IT-Infrastruktur ist vorbereitet, die zu automatisierenden Prozesse wurden bankfachlich und technisch vorbereitet und sämtliche Rahmenbedingungen (Notfallkonzepte u. a.) sind geschaffen. Das RPA-Artefakt ist entwickelt, getestet und abgenommen, sodass der Start von RPA im Produktionsbetrieb erfolgen kann. Grundsätzlich gilt dabei: In den ersten Tagen zeigen sich erfahrungsgemäß noch bislang unentdeckte Fehler oder es treten vereinzelte ungeplante Ausnahmesituationen auf. Im Regelfall sind diese schnell zu beheben. Dennoch sollte anfangs eine sehr enge Begleitung des Bot-Betriebs durch Fachbereichs- und IT-Beschäftigte erfolgen – also diejenigen, die fachlich und technisch eingreifen und die Artefakte und Bot-Konfigurationen anpassen können.

Vorgehensweise bei umfangreicheren RPA-Rollouts Bis hierhin gezeigtes Vorgehen eignet sich nur eingeschränkt beziehungsweise nicht mehr, sofern die Komplexität des RPA-Rollouts zunimmt. Die Einführung eines automatisierten Prozesses kann zwar einfach und schnell erfolgen. Aber nur dann, wenn wenige Beteiligte mit dem Prozess in Berührung kommen, dieser wenig komplex ist und/oder nur sehr selten ausgeführt wird. Bei

RPA ist dies meist nicht der Fall. RPA-Prozesse besitzen mithin hohe Durchlaufvolumina. Befinden sich die automatisierten Prozesse beispielsweise im Backoffice oder der IT, kommen viele Beschäftigte mit den Bots und ihren Arbeitsabläufen und -ergebnissen in Berührung. Deshalb ist es sinnvoll, einen umfangreicheren RPA-Rollout strukturiert zu planen und eine eigene Rollout-Strategie zu definieren.

RPA-Rollout-Strategie Eine solche Strategie kann beispielsweise folgende Komponenten definieren (vgl. hierzu auch Hansmann et al., 2012, S. 277–300):

1. Einführungsreihenfolge von Inhalten, Prozessen und Strukturen
2. Einführungsreihenfolge der automatisierten Prozesse selbst
3. Schulungskonzept
4. Kommunikationskonzept
5. Bei Bedarf: Personelle Maßnahmen

Selbstverständlich müssen nicht alle hier skizzierten Inhalte berücksichtigt werden. Inhalt und Umfang sind immer vom konkreten Anwendungsfall abhängig zu machen. So muss die Einführungsreihenfolge von Inhalten, Prozessen und Strukturen nur dann unterschieden werden, wenn durch die vorgeschalteten Prozessanpassungen überhaupt eine Anpassung der Strukturen erforderlich wird. Genauso sind nicht immer Maßnahmen für personelle Veränderungen erforderlich. Häufig bleiben Teams zunächst bestehen, ihre Aufgaben verändern sich jedoch (meist hin zu komplexeren Tätigkeiten, während RPA bei der Durchführung der einfachen, regelbasierten Tätigkeiten unterstützt). Was in diesem Rahmen allerdings bedacht werden muss, ist die Integration der Notfallkonzepte und Ausweichlösungen. Die betroffenen Beschäftigten müssen wissen, wie sie a) mit dem Bot im laufenden Betrieb interagieren, wenn dieser zum Beispiel Prozessdurchläufe aussteuert und wie sie b) bei Ausfall von RPA – also innerhalb eines Notfallszenarios – agieren können. Es bietet sich deshalb an, die vorher definierten Ausweichlösungen und Notfallkonzepte sowie die hieraus resultierenden Maßnahmen in die RPA-Rolloutstrategie einfließen zu lassen.

Zu 1. Einführungsreihenfolge von Inhalten, Prozessen und Strukturen In einem ersten Schritt ist zu prüfen, wie umfangreich die durch die Automatisierung mit RPA induzierten Anpassungen an Tätigkeitsinhalten, Prozessen und zugehörigen Strukturen überhaupt sind. Werden nur einzelne Prozessteile automatisiert und diese sogar nur geringfügig für eine Automatisierung angepasst, ist mit nur kleinen Auswirkungen auf Inhalte und Strukturen zu rechnen. Wie eingangs beschrieben, hat eine Automatisierung mit RPA im Regelfall aber Auswirkungen auf alle drei Dimensionen. Ist dies der Fall, ist die konkrete Vorgehensweise festzulegen. Hierfür lassen sich drei Alternativen unterscheiden. Dabei wird unterstellt, dass die Einführung neuer Inhalte sinnvollerweise gemeinsam mit der Einführung neuer beziehungsweise angepasster Prozesse erfolgt:

1. Beginn mit dem Rollout der neuen Inhalte und Prozesse und anschließende Einführung neuer Strukturen.
2. Beginn mit dem Schaffen der neuen Strukturen und anschließender Rollout von Inhalten und Prozessen.
3. Parallele Einführung von Inhalten, Prozessen und Strukturen.

Wenig sinnvoll ist ein Rollout von Inhalten und Prozessen, ohne das vorherige Schaffen neuer Strukturen. Hingegen sind die Strukturvorbereitung und ein erst anschließender Rollout neuer Inhalte und Prozesse möglich – Option 2. Dieses Vorgehen verschafft den beteiligten Personen Zeit. Gleichzeitig sinkt die Gefahr von Rückschlägen beim Rollout, da das Mehr an Zeit oftmals mit einer niedrigeren Gefahr von (Flüchtigkeits-) Fehlern einhergeht.

Das Mehr an Zeit kann jedoch auch negative Auswirkungen haben. Die Laufzeit der RPA-Implementierung und damit auch die Projektlaufzeit werden oftmals deutlich verlängert. Dies vermeidet Option 3. Durch die Parallelisierung wird Zeit gewonnen. Zusätzlich kann während des Rollouts eine iterative Prüfung erfolgen, ob Struktur und Prozess noch zueinander passen oder ein Nachjustieren erforderlich ist.

Beispiel

Im Rahmen einer RPA-Implementierung in einer Bank wird ein zuvor an einen Dienstleister ausgelagerter Backoffice-Prozess wieder in die Bank integriert (Insourcing). Im Zuge der Automatisierung werden umfangreiche Neuerungen am Prozess vorgenommen. Dieser ermöglicht nun die gleichzeitige Datenerfassung in mehreren Systemen, was vorher nur vereinzelt und sukzessiv vorgenommen worden ist. Zusätzlich wurden in der Vergangenheit keinerlei interne Ressourcen für die Prozessdurchführung benötigt. Sämtliche Tätigkeiten lagen beim Dienstleister. Durch das Insourcing ist nun aber Personal erforderlich, das die Sonderfälle übernimmt, die der Bot (bewusst) nicht abarbeiten soll. Hier liegen Veränderungen an Inhalten, dem Prozess selbst und der Struktur vor. Würde die Wahl auf ein sequenzielles Vorgehen fallen, in dem erst zuletzt die Strukturen angepasst, also entsprechende Beschäftigte zur Verfügung gestellt und organisatorisch integriert werden, bestünde das Risiko, dass einzelne Prozessdurchläufe nicht durchgeführt werden könnten. Auch für Notfälle wäre nicht vorgesorgt. ◄

Das Beispiel zeigt, dass im Rahmen von RPA-Implementierungen nahezu ausschließlich eine zeitgleiche Einführung neuer Strukturen und Prozesse sinnvoll ist, oder aber die Strukturen zeitlich vor dem Rollout des automatisierten Prozesses liegen müssen – also die oben aufgeführten Optionen 2 und 3.

Zu 2. Einführungsreihenfolge der automatisierten Prozesse selbst Im nächsten Schritt wird die Einführungsreihenfolge der automatisierten Prozesse festgelegt. Hierbei ist zu unterscheiden:

Fall 1: Es werden innerhalb einer RPA-Implementierungsphase mehrere unterschiedliche
Prozesse optimiert und automatisiert.

Fall 2: Es wird nur ein einziger Prozess innerhalb der Implementierungsphase automatisiert, jedoch wird dieser innerhalb mehrerer, nicht direkt miteinander verbundener Unternehmensbereiche oder an mehreren Standorten eingeführt.

Beispiel

Ein Beispiel für Fall 2 ist die Einführung eines neuen RPA-Prozesses in einem deutsch-
landweit über mehrere Standorte verteilten Backoffice-Dienstleister für Banken. Der
Prozess als solcher ist in seiner Grunddefinition an allen Standorten identisch. Jedoch
führen individuelle Besonderheiten der einzelnen Standorte zu einem unterschiedlichen Umgang der Beschäftigten mit der neuen Technologie. ◄

Beide Fälle unterscheiden sich zwar in der Anzahl der Prozesse, jedoch nicht in den für
den Rollout möglichen Vorgehensweisen. Es lassen sich zwei Möglichkeiten unterscheiden:

1. Pilotierter Rollout
2. Gleichzeitiger Rollout

Mit der ersten Möglichkeit wird zunächst nur ein Prozess eingeführt (im Fall 1), oder es
wird der eine Prozess nur an einem einzelnen von mehreren Standorten oder in einem einzelnen Unternehmensbereich eingeführt (im Fall 2). Der Vorteil ist hier die deutliche Risi-
koreduktion gegenüber einem parallelen Rollout. Treten unerwartete Fehler auf, kann
noch mit meist geringem Aufwand und wenig Schaden reagiert werden. Zusätzlich können Lerneffekte aus den Pilotierungen auf die weiteren Rollouts übertragen werden. Dafür
ist die Gesamtdauer der Einführung deutlich länger. Handelt es sich um mehr als zwei Prozesse, kann anstelle von einer Pilotierung auch von einer grundsätzlich sequenziellen Einführung gesprochen werden, bei der Prozess für Prozess oder – im obigen Beispiel –
Standort für Standort vorgegangen wird.

Ein gleichzeitiger Rollout bietet eine deutlich höhere Einführungsgeschwindigkeit.
Kosteneinspareffekte können schnellstmöglich realisiert werden. Dies geht jedoch zulas-
ten des Risikos. Anfängliche Fehler müssen oft aufwändig korrigiert werden.

Zu 3. Schulungskonzept Beschäftigte, die mit automatisierten Prozessen arbeiten oder
gar selbst für die Aufrechterhaltung des RPA-Betriebs verantwortlich sind, benötigen
Schulungen. Je tiefer sie in die Technik eingreifen müssen, desto umfangreicher sollten
diese Schulungen ausfallen. Hierfür gilt es, entsprechende Schulungen einzuplanen und
ggf. bereits während der Pilotierung (also der erstmaligen Artefaktentwicklung) und damit
parallel zur Einführung von RPA im Unternehmen durchzuführen – je frühzeitiger, desto
besser. Ist der Rollout erst einmal erfolgt, ist es hierfür im Regelfall bereits zu spät. Welche

Form von Schulung die richtige ist, hängt von den jeweiligen Umständen ab. Neben der schon oben erwähnten Rolle der jeweiligen Beschäftigten, ist dies auch von der Art der automatisierten Prozesse und nicht zuletzt vom Risikogehalt eines möglichen Bot-Ausfalls abhängig. So ist der Ausfall eines automatisierten Kernprozesses deutlich risikoreicher, als der Ausfall eines nur selten durchzuführenden Unterstützungsprozesses. Die Beschäftigten, die mit diesem Kernprozess beziehungsweise den hierfür eingesetzten RPA-Lösungen arbeiten, benötigen entsprechend umfangreiche Schulungen.

Für diejenigen, die eigenständige Anpassungen an RPA-Artefakten vornehmen und den Bot bedienen sollen, empfiehlt sich die professionelle Schulung durch RPA-Trainer. Solche Schulungen lassen sich erfahrungsgemäß mit einem verhältnismäßig geringen Zeiteinsatz der Schulungsteilnehmer durchführen.

▶   Es reichen rund drei bis fünf Schulungstage aus, um gängige RPA-Softwares
      bedienen und damit die Bots „betreuen" zu können.

Zu 4. Kommunikationskonzept   Neben Schulungen der direkt betroffenen Personen sind auch alle anderen Beteiligten, die mit dem automatisierten Prozess und der RPA-Technologie in Berührung kommen, umfassend zu informieren. Hierdurch werden Vorurteile und mögliche Widerstände beseitigt. Betroffene können hier sämtliche Bereiche der Organisation sein, in der Finanzwirtschaft mindestens Betriebsrat, Vorstand oder Geschäftsführung und gegebenenfalls Anteilseigner und Aufsichtsgremien. Erfahrungsgemäß stammen die Vorurteile und Widerstände oft aus Informationsdefiziten bei den Beteiligten. Eine umfassende und vor allem sehr frühzeitige Kommunikation ist hier zielführend.

▶   Die Praxis zeigt, dass eine umfassende Kommunikation direkt nach der
      Entscheidung für eine RPA-Implementierung sinnvoll ist und mögliche
      Widerstände und Gerüchte aus dem Weg räumen kann.

Für eine Kommunikation kommen grundsätzlich persönliche Gespräche, Informationsveranstaltungen oder Informationsmaterialien in Frage. Das wohl zielführendste Kommunikationsmittel im Rahmen einer RPA-Implementierung ist aber die Live-Vorführung eines arbeitenden Bots. Sie besitzt das Potenzial, Vorurteile und eventuelle Ängste aus dem Weg zu schaffen. Gleichzeitig überzeugt ein auf den verschiedenen Systemen arbeitender Bot von der Effizienz und Qualität, die die RPA-Technologie mit sich bringt.

Ergebnisse der Experteninterviews
Die durchgeführten Experteninterviews bestätigen, dass eine der wichtigsten begleitenden Maßnahmen bei der Einführung von RPA das „Mitnehmen" der Beschäftigten beziehungsweise der ganzen Organisation ist. Hierin enthalten sollte den Experteneinschätzungen zufolge auch die sukzessive Befähigung der Organisation zum Umgang mit RPA sein.

Zu 5. Personelle Maßnahmen RPA ist kein Mittel zum Ersetzen von Personal. Vielmehr schafft RPA Mitarbeitenden Freiräume, um komplexere Tätigkeiten zu übernehmen – beispielsweise Vertriebsaufgaben oder wertschöpfende Vertriebsunterstützungstätigkeiten. Wie bis hierhin immer wieder gezeigt, ist außerdem eine 100 %-Automatisierung nahezu ausgeschlossen. Mit den hier betrachteten personellen Umsetzungen sind deshalb nur Veränderungen des Aufgabenbereichs der betroffenen Personen gemeint.

Eine solche Veränderung sollte professionell begleitet werden. Hierfür wird der Prozess des „Change-Managements" verwendet. Dieser umfasst alle geplanten, gesteuerten, organisierten und kontrollierten Veränderungen in Strategien und Geschäftsprozessen sowie Strukturen und Kulturen in Unternehmen (vgl. Thom, 1995, S. 870). Ein Schwerpunkt im Rahmen des RPA-Rollouts liegt hierbei klar auf der Information und Kommunikation in Richtung des Personals. Veränderungen im eigenen Aufgabenbereich müssen erläutert werden. Die Beschäftigten benötigen Begleitmaterial, wie neue Prozessdokumentationen, Handlungsanweisungen und nicht zuletzt beratende Unterstützung in den ersten Wochen und Monaten nach Umsetzen der Veränderung.

Checkliste Rolloutfähigkeit Tab. 5.6 beinhaltet eine Checkliste zur Prüfung der Rolloutfähigkeit der RPA-Lösung.

Ergebnisse der Experteninterviews
Das hier beschriebene Vorgehen unterstellt einen sukzessiven Rollout „fertiggestellter" RPA-Artefakte. Eine denkbare Alternative wäre ein release-artiger Rollout. Dies würde bedeuten, dass innerhalb eines definierten Zeitraums RPA-Artefakte entwickelt und abgenommen werden würden und diese anschließend gesammelt, beispielsweise zu zwei Zeitpunkten im Jahr, in den Produktionsbetrieb übernommen werden würden.

Tab. 5.6 Checkliste RPA-Rollout

Prüfpunkt	Erledigt ja/nein
RPA-Gesamtstrategie definiert und kommunizierbar	
Zu automatisierender Prozess für Bot-Betrieb vorbereitet	
RPA-Artefakt entwickelt und getestet	
RPA-Artefakt abgenommen	
RPA-Software für Produktionsbetrieb vorbereitet und im Produktionssystem installiert	
Laufwerke für Dateiablage u. ä. vorbereitet	
Nutzerkennungen für Bot vorhanden	
Notfallkonzepte und Ausweichlösungen vorbereitet	
Technischer Support, insbesondere für Startphase des RPA-Betriebs, sichergestellt	
Rolloutstrategie definiert und kommunizierbar	
Beschäftigte informiert, geschult und vorbereitet	

Die hierzu befragten Experten sprechen sich eindeutig gegen ein solches Vorgehen aus. Die Gründe hierfür sind unterschiedlich. Eines der wichtigsten Argumente gegen ein release-artiges Vorgehen sind die hieraus entstehenden Risiken. So ist es deutlich einfacher, einen einzelnen in den Produktionsbetrieb übernommenen und eventuell fehlerbehafteten automatisierten Prozess zu korrigieren, als eine Vielzahl hiervon zu gleicher Zeit.

Literatur

Allweyer, T. (2016). Robotic Process Automation – Neue Perspektiven für die Prozessautomatisierung. Working Paper Fachbereich Informatik und Mikrosystemtechnik Hochschule Kaiserslautern.

Bundesanstalt für Finanzdienstleistungsaufsicht (BaFin). (2021). Rundschreiben 10/2017 (BA) in der Fassung vom 16.08.2021, Bankaufsichtliche Anforderungen an die IT (BAIT). https://www.bafin.de/SharedDocs/Downloads/DE/Rundschreiben/dl_rs_1710_ba_BAIT.pdf?__blob=publicationFile&v=6. Zugegriffen am 03.05.2023.

Fischermanns, G. (2015). *Praxishandbuch Prozessmanagement*. Verlag Dr. Götz Schmidt.

Hansmann, H., Laske, M., & Luxem, R. (2012). Einführung der Prozesse – Prozess-Roll-out. In J. Becker, M. Kugeler, & M. Rosemann (Hrsg.), *Prozessmanagement*. Springer Gabler.

Lacity, M., & Willcocks, L. (2016). Robotic Process Automation at Telefónica O2. *MIS Quarterly Executive, 15*(1), 21–35.

Meyer, H., & Reher, H.-J. (2016). *Projektmanagement. Von der Definition über die Projektplanung zum erfolgreichen Abschluss* (S. 277–300). Springer Gabler.

Murdoch, R. (2018). *Robotic Process Automation. Guide to building software robots, automate repetitive tasks & become an RPA Consultant*. Eigenverlag.

Pilorget, L. (2012). *Testen von Informationssystemen*. Vieweg + Teubner.

Porter-Roth, B. (2002). *Request for proposal: A guide to effective RFP development*. Addison-Wesley.

Ries, E. (2011). *Lean Startup*. Portfolio Penguin.

Schwaber, K., & Sutherland, J. (2017). The Srum guide. https://www.scrumguides.org/index.html. Zugegriffen am 09.12.2018.

Thom, N. (1995). Change management. In H. Corsten & M. Reiß (Hrsg.), *Handbuch Unternehmensführung* (S. 869–879). Gabler Verlag.

UiPath. (2023). Test manager. https://www.uipath.com/de/product/test-manager. Zugegriffen am 01.05.2023.

Willcocks, L., & Lacity, M. (2016). *Service automation. Robots and the future of work*. Steve Brooks Publishing.

Willcocks, L., Lacity, M., & Craig, A. (2017). Robotic process automation: Strategic transformation lever for global business services? *Journal of Information Technology Teaching Cases, 7*, 17–28.

WorkFusion. (2017). WorkFusion takes the lead as most secure RPA provider in automation space, announcing ISO 27001 compliance certificate and CyberArk partnership. https://www.workfusion.com/news/workfusion-takes-the-lead-as-most-secure-rpa-provider-in-automation-space-announcing-iso-27001-compliance-certificate-and-cyberark-partnership/. Zugegriffen am 18.11.2019.

Einführung einer RPA-Governance

6

Zusammenfassung

Das folgende Kapitel beschäftigt sich mit der RPA-Governance und ihrer Einführung innerhalb einer Organisation. Die RPA-Governance sollte einen der Schwerpunkte bei jeder RPA-Einführung ausmachen. Zumindest dann, wenn mehrere Prozesse dauerhaft automatisiert werden sollen und eine bereichsübergreifende RPA-Nutzung geplant ist. Das Kapitel verdeutlicht zunächst die Bedeutung einer RPA-Governance und grenzt diese von der (allgemeinen) IT-Governance ab. Anschließend werden konkrete Bestandteile der RPA-Governance sowie mögliche Vorgehensweisen zur Einführung und Etablierung in der Organisation erläutert. Einen Schwerpunkt bildet hiernach die Einführung sogenannter RPA-Units, also Organisationseinheiten, die für die umfassende Nutzung von RPA sinnvoll sind. In diesem Rahmen werden sowohl Rollen als auch Aufgaben definiert. Den Abschluss bildet der Abgleich von RPA-Governance, -Unit und dem Begriff des sogenannten -Center-of-Excellence, welcher in der Praxis vielfach im Zusammenhang mit RPA benutzt wird.

6.1   Notwendigkeit einer RPA-Governance

Ungenutztes Potenzial durch fehlende RPA-Governance

Status Quo: Ein Finanzinstitut begann vor rund einem Jahr mit der Nutzung von RPA im eigenen Haus. Der IT-Bereich erkannte das Potenzial der Automatisierungslösung, erwarb eigene Softwarelizenzen und begann damit, einzelne Prozesse in unterschiedlichen Fachbereichen zu automatisieren. Parallel hierzu erwarben auch einzelne Fachbereiche Lizenzen und testeten RPA für ihre eigenen Zwecke. Mittlerweile sind mehr als 30 Prozesse oder Tätigkeiten automatisiert.

Was auch ein Jahr später fehlte: Die Verantwortung für RPA im Institut ist nicht geregelt. Jeder Bereich agiert eigenverantwortlich. Dies führt dazu, dass:

- keine einheitliche Lizenzverwaltung existiert,
- weder ein geregelter Wissensaufbau noch ein Wissenstransfer stattfinden,
- keine einheitliche Vorgehensweise für die Prozessautomatisierung definiert ist,
- kein Betriebsmanagement inklusive Produktionsbetreuung und Releasemanagement besteht und
- kein Überblick über den wirtschaftlichen Erfolg der Automatisierungen vorhanden ist.

Hierdurch werden Risiken im täglichen Produktionsbetrieb geschaffen. Zusätzlich werden Potenziale für Synergie- und Lerneffekte nicht genutzt. Am Ende ist der Einsatz von RPA nicht effizient und auch nur eingeschränkt effektiv, da davon auszugehen ist, dass beispielsweise Kosteneinsparpotenziale mangels standardisierter Vorgehensweise gar nicht erst identifiziert werden. ◄

Das Beispiel verdeutlicht die Wichtigkeit einer RPA-Governance. Nur mit dieser lassen sich die (strategischen) Zielsetzungen einer RPA-Nutzung im eigenen Haus vollständig erreichen. Zusammengefasst sind die Hauptgründe – und gleichzeitig Zielsetzungen – der Etablierung einer RPA-Governance die folgenden:

- Sicherstellung von klarer Verantwortung für organisationsweiten RPA-Einsatz in einer einzelnen Einheit und damit Effizienzgewinne.
- Schaffung einheitlicher Richtlinien für die Durchführung von RPA-Implementierungen und -Automatisierungen.
- Zentrale Sicherung und Transfer von Wissen und Erfahrungen in Bezug auf den RPA-Technologieeinsatz.

Ergebnisse der Experteninterviews
Ein Ergebnis der durchgeführten Experteninterviews ist, dass der Fokus – gerade bei Erst-Implementierungen – weniger auf der Schaffung einer RPA-Governance liegt. Vielmehr liegt dieser hier auf einer schnellen Generierung von Erfolgen, um eine kurze time-to-market zu erzielen und um möglichen internen Vorbehalten gegenüber RPA begegnen zu können. Entsprechend werden zwar bereits von Anfang an einzelne Vorgaben und Vorgehensweisen definiert, umfassende Richtlinien (beispielsweise in Form von Konzepten) folgen aber erst im Verlauf von Folge-Implementierungen.

Die Notwendigkeit einer Governance wird auch deutlich, wenn RPA mit anderen (Automatisierungs-)Technologien verglichen wird. So wird auch für den langfristigen Einsatz von BPM die Schaffung einer entsprechenden Governance empfohlen (vgl. Kirchmer, 2017, S. 81–100). Diese wird immer dann erforderlich, wenn BPM dauerhaft betrieben und nicht nur einmalig – beispielsweise im Rahmen eines Optimierungsprojekts – eingesetzt werden soll.

Die Teilnehmer der von Ostrowicz (2018, S. 9) durchgeführten Studie nennen das fehlende Verständnis für die Verankerung von RPA im organisationseigenen Betriebsmodell als zweitgrößte Herausforderung bei der langfristigen und erfolgreichen Implementierung von RPA. Nur die vollständige Integration von RPA in sämtliche Prozesse, Systeme oder sogar Arbeits- und Schichtpläne – und damit schlussendlich die Etablierung eine RPA-Governance – sichert einen langfristigen Erfolg von RPA.

Abgrenzung zur IT-Governance Die hier betrachtete RPA-Governance ist nicht mit der IT-Governance zu verwechseln, die in der Regel in allen Finanzinstituten etabliert ist. Trotzdem bestehen Wechselwirkungen zwischen beiden. So hat eine RPA-Implementierung immer im Einklang mit der bestehenden IT-Governance zu erfolgen. Letztere kann beispielsweise vorsehen, wie die IT-Infrastruktur für einen RPA-Einsatz vorbereitet werden kann oder wie die Optimierung von Prozessen – vor einer Automatisierung – erfolgen muss. Hier wird auch noch einmal das Erfordernis einer IT-seitigen Unterstützung bei der RPA-Implementierung deutlich. Nur so kann sichergestellt werden, dass auch die Regelungen und Rahmenbedingungen der IT-Governance berücksichtigt werden (vgl. auch Lacity & Willcocks, 2016, S. 24 und S. 28).

6.2 Inhalte und Schritte zur Schaffung einer RPA-Governance

Zunächst ist festzulegen, welche Zielsetzung mit einer RPA-Governance überhaupt verfolgt werden soll. Hierzu bietet es sich an, auf eine der verwandten Technologien beziehungsweise Methoden zu schauen, die einen ihrer vielen Schwerpunkte ebenfalls in der Prozessautomatisierung besitzt: Das BPM. Die Hauptzielsetzung einer BPM-Governance lässt sich leicht auf die Zielsetzung einer RPA-Governance übertragen und soll im Folgenden als solche genutzt werden: Die Schaffung von Rahmenbedingungen für die erfolgreiche, nachhaltige Verankerung der Technologie innerhalb der Organisation, um die strategisch gesetzten Ziele zu erreichen und Wert für das Unternehmen, seine Eigentümer, seine Angestellten und andere Stakeholder zu schaffen (vgl. Kirchmer, 2017, S. 83).

Bestandteile einer RPA-Governance Für die Schaffung einer vollständigen RPA-Governance sind die Bestandteile zu definieren, die diese notwendigerweise enthalten oder berücksichtigen muss. Die relevantesten Bestandteile werden anschließend noch einmal detailliert erläutert. Kirchmer (2017, S. 83) führt verschiedene Bestandteile einer BPM-Governance auf, die sich teilweise auch auf eine RPA-Governance übertragen lassen, siehe Tab. 6.1.

Nicht alle Bestandteile müssen notwendigerweise in der individuellen RPA-Governance berücksichtigt und verankert werden. So kann es bei der nur einmaligen Nutzung von RPA durchaus sinnvoll sein, weitestgehend vollständig auf eine RPA-Governance zu verzich-

Tab. 6.1 Bestandteile BPM-Governance und deren Übertrag auf RPA-Governance. (In Anlehnung an Kirchmer, 2017, S. 83)

Bestandteil BPM-Governance	Übertrag auf RPA-Governance
Klarheit bezüglich der übergeordneten Unternehmensziele zur Definition von Kennzahlen für eine Steuerung.	Strategische Definition der Ziele des RPA-Einsatzes entlang der Unternehmensziele.
Identifizierung der Kernprozesse des Unternehmens.	Identifizierung, Bewertung und Priorisierung von automatisierbaren Prozessen.
Verantwortlichkeiten, Richtlinien und Kompetenzen für das Management der (Business-)Prozesse.	Verantwortlichkeiten, Richtlinien und Kompetenzen für das Management automatisierter Prozesse und der Bots.
Prozessbezogenes Wissensmanagement.	RPA-bezogenes Wissensmanagement.
Anerkennungs- und Belohnungssystematiken.	Anerkennungs- und Belohnungssystematiken.
Sicherstellung eines kontinuierlichen Verbesserungsprozesses.	Schaffung und anschließende Sicherstellung eines RPA-bezogenen kontinuierlichen Verbesserungsprozesses.
/	(neu) Betriebsmodell

ten. Anders bei einer erwartet großflächigen Nutzung. In diesem Fall sollte ein Großteil der oben genannten Bestandteile berücksichtigt werden. Zusätzlich können jederzeit weitere Inhalte definiert werden. Im Folgenden werden die in Tab. 6.1 aufgeführten Bestandteile einer RPA-Governance näher erläutert.

Strategische Definition der Ziele des RPA-Einsatzes entlang der Unternehmensziele Wie schon in Abschn. 2.3 erläutert, sollte die RPA-Technologie vor ihrem Einsatz strategisch ausgerichtet werden. Dies bedeutet, dass insbesondere die strategischen Ziele, die mit dem Technologieeinsatz verfolgt werden sollen, klar definiert und zusätzlich priorisiert sind. Die Ziele sollten selbstverständlich im Einklang mit den übergeordneten strategischen Unternehmenszielen stehen.

Beispiel

Ein Unternehmen der Finanzwirtschaft setzt die Balanced Scorecard als Kennzahlensystem und zur Definition der Unternehmensziele ein. Ein explizites Ziel ist die Reduktion von Kosten. Entsprechend lässt sich hieraus ableiten, dass der RPA-Einsatz insbesondere die strategische Zielsetzung einer Kostenreduktion verfolgen sollte (vgl. hierzu Abschn. 2.3). Ein anderes Unternehmen priorisiert in seiner Balanced Scorecard die Zufriedenheit seiner Kunden. Diese Zufriedenheit stellt sich insbesondere dann ein, wenn Kundenanliegen zügig bedient werden – Prozesse also schnell durchlaufen werden. Bezogen auf den RPA-Einsatz kann hieraus abgeleitet werden, dass die Reduktion von Prozessdurchlaufzeiten als strategisches Ziel herangezogen werden sollte. ◄

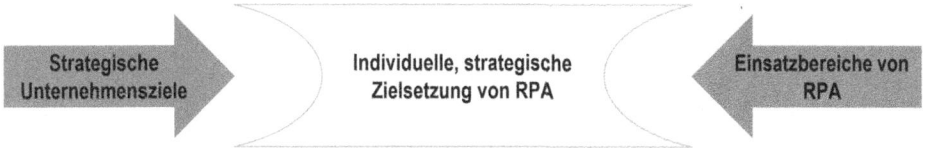

Abb. 6.1 Einflussfaktoren auf die RPA-Strategie. (Eigene Darstellung)

Die beiden Beispiele verdeutlichen die Abhängigkeit der strategischen Ziele des RPA-Einsatzes von den übergeordneten Unternehmenszielen. Abweichungen sind natürlich möglich. Dies gilt insbesondere dann, wenn RPA nicht unternehmensweit, sondern nur in einzelnen Unternehmensbereichen eingesetzt wird. So können die strategischen Ziele des RPA-Einsatzes im Backoffice-Bereich einer Bank Kosten- und Prozessdurchlaufzeitenreduktion lauten. Gleichzeitig setzt dieselbe Bank RPA innerhalb des internen Reportings der Gesamtbanksteuerung ein. Dort steht weniger eine Kostenreduktion als vielmehr eine Qualitätsverbesserung durch das Ausschließen menschlicher Fehler im Fokus. Abb. 6.1 verdeutlicht diesen Zusammenhang.

Identifizierung, Bewertung und Priorisierung von automatisierbaren Prozessen Erfolgt der Einsatz von RPA in verschiedenen Unternehmensbereichen, kann dies zu Unterschieden oder sogar Ineffizienzen in der Vorgehensweise von Identifizierung automatisierbarer Prozesse bis hin zu deren Implementierung führen. Verschiedene Verantwortliche mit unterschiedlichen Kenntnissen, Erfahrungen und Zielsetzungen durchlaufen den RPA-Implementierungsprozess oft in unterschiedlicher Art und Weise. Um dies zu vermeiden, definiert die RPA-Governance eine eindeutige Vorgehensweise zur Identifizierung, Bewertung und Priorisierung der zu automatisierenden Prozesse. Sie gibt hierbei einzelnen Schritte, Tools und Verantwortlichkeiten vor. Konkret bedeutet dies, dass die in Kap. 5 dargestellten Tools und Techniken zentral durch die RPA-Governance vorgegeben und bei Bedarf weiterentwickelt werden.

▶   Unabhängig vom Bereich, der RPA einsetzt, sollte das Vorgehen der dort Beteiligten immer gleich sein. So lassen sich Ineffizienzen und Fehler vermeiden sowie gleichzeitig Lern- und Synergieeffekte heben.

Die RPA-Governance sollte ein Vorgehensmodell definieren, nach dem Prozesse identifiziert, bewertet und priorisiert werden.

Verantwortlichkeiten, Richtlinien und Kompetenzen für das Management automatisierter Prozesse und der Bots Die RPA-Governance definiert zunächst Verantwortlichkeiten. Dies sind beispielsweise Verantwortlichkeiten für …

•   … die Entscheidung, ob und wo RPA eingesetzt wird.
•   … die Auswahl der unternehmens- oder bereichsweit eingesetzten RPA-Software.

- … die Auswahl der zu automatisierenden Prozesse.
- … die Entscheidung über mögliche Prozessanpassungen im Rahmen der Automatisierung.
- … Entwicklung, Test und Abnahme von RPA-Artefakten.
- … den gesamten Betrieb und die Weiterentwicklung von RPA.

Hierfür werden Fach- und IT-Konzeptionen definiert. Zusätzlich können Organisationshandbücher und Fachanweisungen erstellt werden. Zur Wahrnehmung der hierin definierten Verantwortlichkeiten sind entsprechende Kompetenzen erforderlich. Die Vergabe erfolgt im Regelfall seitens der Management-Ebene. Wie auch in anderen Bereichen, darf diese Kompetenzvergabe keinesfalls vernachlässigt werden. Ohne entsprechende Kompetenzen, sind die RPA-Verantwortlichen nicht oder nur stark eingeschränkt handlungsfähig, wie folgendes Beispiel zeigt.

Beispiel

Der RPA-Verantwortliche einer regional tätigen Bank möchte einen Prozess innerhalb des Rechnungswesens der Bank mit RPA automatisieren. Künftig sollen Bots die elektronisch von Dienstleistern eingereichten Rechnungen auf Vollständigkeit hin überprüfen, diese mit internen Gegenbuchungen abgleichen und den Rechnungsbetrag überweisen. Für eine Automatisierung sind Prozessanpassungen erforderlich. Unter anderem sollen einzelne Prüfschritte entfallen, da manuelle Eingabefehler künftig ausgeschlossen sind. Der bisherige, fachlich prozessverantwortliche Mitarbeiter hat ein ungutes Gefühl bei Entfall der Prüfschritte und verweigert diese Anpassungen deshalb. Fehlen dem RPA-Verantwortlichen die entsprechenden Kompetenzen, scheitert die Automatisierung an dieser Stelle. Wurden ihm hingegen vorher entsprechende Kompetenzen eingeräumt, die beispielsweise das alleinige Entscheiden über solche Prozessanpassungen ermöglichen, könnte er die Anpassungen – natürlich dennoch in Abstimmung mit Fachbereichen und Kontrollorganen wie Compliance – vornehmen und den Prozess erfolgreich automatisieren. ◄

Wenngleich die Begrifflichkeit des RPA-Verantwortlichen hier verwendet wird, ist eine genauere Definition bislang noch nicht erfolgt. Diese ist auch nicht trivial. Hiermit beschäftigt sich deshalb Abschn. 6.3 ausführlich.

RPA-bezogenes Wissensmanagement Soll RPA dauerhaft eingesetzt werden, ist ein umfassendes Wissensmanagement unumgänglich. Wissen muss geschaffen und für alle Beteiligten verfügbar gemacht werden.

Wissensschaffung
Während die meisten Organisationen der Finanzwirtschaft umfangreiches Prozessmanagementwissen vorhalten, ist RPA ein neuer Bestandteil dieses Themengebiets. Die Generierung von Wissen rund um RPA erfolgt in der Praxis nahezu ausschließlich durch die

aktive Beschäftigung mit RPA. Hierbei unterstützen externe Berater, die neues Wissen bereitstellen, anleiten und unterstützen. Die Bedeutung einer Entscheidung für oder gegen eine externe Unterstützung bei (Folge-)Implementierungen von RPA wird auch an dieser Stelle deutlich. Entscheidet sich die Organisation für eine dauerhafte externe Unterstützung, kann der Wissensaufbau rund um RPA in geringerer Intensität erfolgen, als wenn nur eine Erst-, nicht aber die Folgeimplementierungen mit externer Unterstützung durchgeführt werden sollen.

Grundsätzlich gilt: Der erforderliche Umfang an Wissensschaffung ist gleich zu Beginn der Beschäftigung mit RPA festzulegen. Anschließend sind frühzeitig Wissenstransfers von extern nach intern, wie beispielsweise RPA-Schulungen, zu organisieren.

Wissenstransfer

Bei einer Erstimplementierung von RPA kommen zunächst nur die Projektteilnehmer mit RPA in Berührung. Anschließend folgen andere, wie beispielsweise die Fachbereiche, deren Prozesse automatisiert werden. Insbesondere die Projektteilnehmer haben die Möglichkeit, umfangreiches Wissen im Bereich RPA aufzubauen. Sie sollten idealerweise in die Pflicht genommen werden, den internen Wissenstransfer sicherzustellen.

Dieser kann unterschiedlich erfolgen. Es können Informationsveranstaltungen stattfinden, Multiplikatoren eingesetzt werden, Schulungen gehalten oder Wissensdatenbanken erstellt werden. Welche Personalgruppen in welchem Ausmaß als Empfänger dieser Wissenstransfers beteiligt sind, ist einzelfallbezogen zu entscheiden. Grundsätzlich gilt jedoch: Je mehr Beschäftigte Wissen rund um RPA erlangen, desto größer die Akzeptanz der Technologie und desto größer die Wahrscheinlichkeit, dass Beschäftigte selbst Automatisierungspotenziale entdecken und die RPA-Verantwortlichen hierauf aufmerksam machen.

Anerkennungs- und Belohnungssystematiken Anerkennungs- und Belohnungssystematiken sind kein zwingender Bestandteil einer RPA-Governance. Dennoch können diese eine Option bieten, um Beschäftigte für eine proaktive Mitarbeit bei der Suche nach Automatisierungspotenzialen zu belohnen. So können erfolgreiche Prozessautomatisierungen, die auf den Hinweisen einzelner Personen beruhen, mit entsprechenden Geld- oder Sachprämien – oder auch anderen Bonusbestandteilen – vergütet werden.

Schaffung und anschließende Sicherstellung eines RPA-bezogenen kontinuierlichen Verbesserungsprozesses Der kontinuierliche Verbesserungsprozess, oder nachfolgend auch die kontinuierliche Prozessoptimierung, ist ein Kernbestandteil jedes erfolgreichen Prozessmanagements. Er beinhaltet Messungs-, Diagnose- und Steuerungsaktivitäten mit dem Ziel, eine beständige Verbesserung bestehender Prozesse zu erzielen. Hierbei basiert er maßgeblich auf Prozesskennzahlen (vgl. Fischermanns, 2015, S. 468). Diese kontinuierliche Prozessoptimierung ist auch für automatisierte Prozesse erforderlich. Wie in jedem anderen Prozess, kommt es im Zeitablauf zu Veränderungen von Input, gewünschtem Output, Prozessbeteiligten und sonstigen Rahmenbedingungen. Diese sind nicht immer offensichtlich oder transparent kommuniziert. Vorher definierte Prozesskennzahlen können hier Abhilfe schaffen und auf Veränderungen aufmerksam machen. Kommt es zu Abweichungen von einem anfangs definierten Ausgangsniveau, können entsprechende Diagnosen durchgeführt werden, gefolgt von möglicherweise notwendigen Maßnahmen. Beispiele für solche Prozesskennzahlen, die auch insbesondere für automatisierte Prozesse Anwendung finden können, sind (vgl. in Teilen auch Fischermanns, 2015, S. 469):

- Prozessdurchlaufzeiten
- Prozesskosten
- Prozessqualität
- Anzahl Prozessdurchläufe
- Kundenzufriedenheit
- Aussteuerungsquoten der Bots
- Fehlerquoten der Bots

Die Prozesskennzahlen sind immer den individuellen strategischen Zielsetzungen von RPA anzupassen. So ist es wenig sinnvoll, die Prozesskosten als Kennzahl zu verwenden, wenn das strategische Ziel ausschließlich in der Qualitätsverbesserung durch zusätzlich geschaffene, automatisierte Prüfschleifen liegt.

RPA-Betriebsmodell Spätestens mit Wechsel von RPA-(Pilot-)Projekt hin in einen linienartigen Betrieb der Software ist zu definieren, wie das Zusammenspiel aller Beteiligten Personen, Rollen und Funktionen und Technologien erfolgt. Abb. 6.2 stellt ein mögliches Betriebsmodell für RPA dar. Begonnen auf der linken Seite besteht ein Backlog an neuen

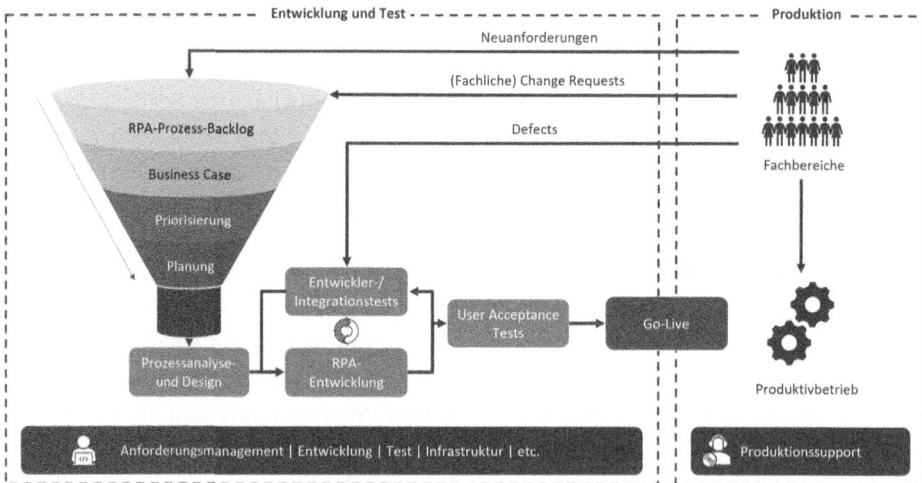

Abb. 6.2 RPA-Betriebsmodell. (Eigene Darstellung)

RPA-Prozessen, die bewertet, priorisiert und anschließend zur Umsetzung eingeplant werden. Diese durchlaufen anschließend das bereits bekannte Schema von Prozessanalyse und -design über Artefakt-Entwicklung und Entwicklertests, hin zu Abnahmetests (User Acceptance Tests). Anschließend erfolgt der Go-Live im Produktivbetrieb. Dort kümmert sich ein RPA-Produktionssupport um die RPA-Prozesse und unterstützt die nutzenden Fachbereiche. Diese wiederum melden Störungen als „Defect" an das RPA-Team, welches diese behebt. Außerdem kommen auch Anpassungs-Anforderungen (Change Requests) für bestehende Prozesse sowie Prozess-Neuanforderungen aus den Fachbereichen, die wiederum in den RPA-Prozess-Backlog integriert werden.

Zeitliche Varianten zum Einführen einer RPA-Governance In einem ersten Schritt wurden die Bestandteile und Inhalte erläutert, mit denen sich die RPA-Governance beschäftigt. Im Folgenden werden nun zwei Möglichkeiten zum Schaffen einer RPA-Governance im Zeitablauf miteinander verglichen. Der Zeitablauf entspricht hierbei dem Verlauf der RPA-Implementierung, wie sie in Kap. 5 beschrieben ist.

1. Sofortige Einführung der RPA-Governance Im ersten Fall wird bereits während der Erstimplementierung eine umfassende RPA-Governance eingeführt. Wie bereits vorstehend erläutert ist dies immer dann sinnvoll, wenn von einem langfristigen und flächendeckenden Einsatz von RPA ausgegangen wird. In diesem Fall werden erforderliche Inhalte zunächst definiert und anschließend inhaltlich geplant. In Abb. 5.3 entspricht dieses Vorgehen einem dauerhaft begleitenden Einführen der Governance von Schritt 1 bis 8.

2. Nachgelagerte Einführung der RPA-Governance Anders als im vorherigen Fall wird die RPA-Governance hier erst zu einem bestimmten Zeitpunkt während der RPA-Implementierung oder sogar vollständig nachgelagert eingeführt. Dies kann immer dann sinnvoll sein, wenn während der RPA-Implementierung keine ausreichenden Ressourcen zur Verfügung stehen oder erforderliche Entscheidungen erst nachgelagert getroffen werden können. Allerdings birgt das nachgelagerte Vorgehen Risiken. So kann es beispielsweise dazu führen, dass der RPA-Einsatz nicht konsequent entlang der strategischen Zielsetzungen ausgerichtet wird. Genauso kann es zu Einschränkungen beim Wissenstransfer kommen; sowohl der Wissenstransfer von extern nach intern wie auch rein intern können betroffen sein. Insbesondere das Fehlen von durch die Governance zu schaffenden Konzeptionen und Richtlinien, die bereits während der Erstimplementierungsphase benötigt werden, fällt im Zeitablauf meist negativ auf.

6.3   RPA-Units und deren organisatorische Einordnung

Ein wesentlicher Bestandteil der RPA-Governance ist die schon in Tab. 6.1 genannte Definition von Verantwortlichkeiten, Richtlinien und Kompetenzen für das Management automatisierter Prozesse und der Bots. Im Fokus steht hier die Frage: Wer kümmert sich um welche notwendigen Bausteine eines erfolgreichen und nachhaltigen RPA-Betriebs? Letzterer meint hier auch die Implementierung neuer automatisierter Prozesse. Im Folgenden werden zunächst drei unterschiedliche Ansätze zur organisatorischen Einordnung unterschieden. Aus verschiedenen Gründen, die später noch erläutert werden, eignet sich zu Beginn einer RPA-Nutzung insbesondere der zentralisierte Ansatz. Daher wird dieser detailliert betrachtet.

Drei Ansätze zur organisatorischen Einordnung von RPA   Ist die Rede von der organisatorischen Einordnung von RPA, meint dies die Ausgestaltung von Verantwortlichkeiten und Kompetenzen und deren Verteilung innerhalb der Aufbauorganisation des Unternehmens. Erneut kann exemplarisch die Einordnung von BPM und der zugehörigen BPM-Governance referenziert werden (vgl. Kirchmer, 2017, S. 95–99). Diese kennt ebenfalls folgende drei Möglichkeiten organisatorischer Einordnung:

1. Zentralisierter Ansatz
2. Dezentralisierter Ansatz
3. Hybrider Ansatz

Abb. 6.3 stellt die drei Ansätze dar und lässt ihre Unterschiede erkennen, die im Folgenden erläutert werden.

Zu 1. Zentralisierter Ansatz   Der zentralisierte Ansatz ist der in der Praxis präferierte, für den sich auch die befragten Experten mehrheitlich aussprechen. Im Folgenden wird deshalb auf alle relevanten Aspekte des Ansatzes einzeln und detailliert eingegangen.

RPA-Unit und ihre Aufgaben   Im zentralisierten Ansatz werden alle Verantwortlichkeiten und Kompetenzen in einer zentralen Einheit gebündelt. Diese Einheit ist für die Umsetzung der in Abschn. 6.2 aufgeführten Bestandteile der RPA-Governance verantwortlich

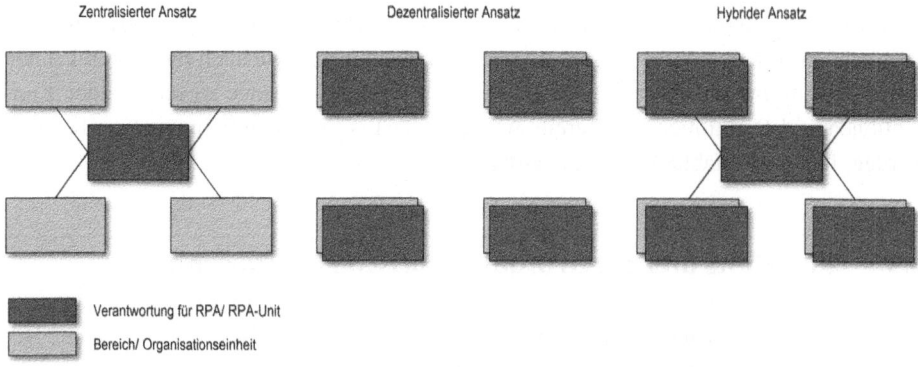

Abb. 6.3   Ansätze zur Einordnung der RPA-Governance. (Eigene Darstellung)

und wird im Folgenden als RPA-Unit bezeichnet.[1] Der Begriff „RPA-Unit" unterscheidet sich hierbei bewusst vom Begriff des „RPA-Teams", der beispielsweise in Abschn. 5.2 verwendet wird. Er bezeichnet die für RPA verantwortliche Einheit innerhalb der Linie. Dies bedeutet, dass die Mitglieder der RPA-Unit entsprechende Kompetenzen zur Ausübung ihrer Aufgaben benötigen. Zusätzlich kann die RPA-Unit unterschiedliche Aufgaben im Rahmen des dauerhaften, organisationsweiten RPA-Einsatzes ausüben. Dies umfasst neben der Sicherstellung des laufenden RPA-Betriebs auch beispielsweise die kontinuierliche Automatisierung weiterer Prozesse. Die möglichen Aufgaben sind in

Tab. 6.2 aufgeführt und umfassen an einzelnen Stellen auch die in Abschn. 6.2 genannten grundsätzlichen Bestandteile. Sie können sich – unternehmensindividuell – verändern, reduzieren oder erweitern. Nicht alle aufgeführten Aufgaben müssen durch die RPA-Unit selbst ausgeübt werden, wie im weiteren Verlauf noch zu sehen sein wird. Sinnvoll ist aber, zumindest die abschließende Verantwortung für die aufgeführten Aufgaben innerhalb der RPA-Unit zu halten.

▶   Die übergeordnete und zusammengefasste Aufgabe einer RPA-Unit besteht in der Identifikation, Priorisierung und Umsetzung von Automatisierung-spotenzialen (vgl. Willcocks & Lacity, 2016, S. 133).

Rollen innerhalb der RPA-Unit Anschließend gilt es nun zu definieren, welche Rollen benötigt werden, um die Aufgaben sinnvoll ausüben zu können. Folgende Rollenaufteilung bietet sich an:

RPA-Manager
Der RPA-Manager leitet und steuert die RPA-Unit. Ihm obliegt die Gesamtverantwortung für den Betrieb von RPA innerhalb der Organisation. Außerdem sorgt er für eine Ausweitung des RPA-Bekanntheitsgrades im Haus und die Erweiterung der RPA-Nutzung auf andere Unternehmensbereiche.

RPA-Business-Analyst
Der RPA-Business-Analyst verfügt idealerweise über umfassende Kenntnisse und Erfahrungen im Prozessmanagement und in der RPA-Technologie. Hiermit bildet diese Rolle die Schnittstelle zwischen Fachbereichen und RPA-Unit. Der Business Analyst definiert Prozessabläufe und Prozessoptimierungen. Er arbeitet dabei eng mit dem RPA-Entwickler zusammen. Insbesondere durch die laufende Suche nach weiteren Automatisierungspotenzialen unterscheidet er sich vom klassischen Business-Analysten, dessen Aufgabe im Regelfall ausschließlich aus der Schnittstellenbildung zwischen Fach- und IT-Bereich besteht (vgl. Willcocks & Lacity, 2016, S. 75).

---

[1] Ein anderer gängiger Begriff ist das „Center of Excellence". Dieses wird im weiteren Verlauf ebenfalls beschrieben und von der RPA-Unit abgegrenzt.

Tab. 6.2 Aufgaben einer RPA-Unit. (Eigene Darstellung)

Aufgabe	Erläuterung
Prozessidentifikation	Technische Identifikation automatisierungsfähiger Prozesse und betriebswirtschaftliche Bewertung/Priorisierung (vgl. Abschn. 5.3).
Prozessaufnahme	Aufnahme der zu automatisierenden Prozesse und Dokumentation (vgl. Abschn. 5.6).
Prozessanpassung	Prozessoptimierung im Hinblick auf (RPA-)technische und fachliche Anpassungen (vgl. Abschn. 5.6).
RPA-Artefakt-Entwicklung	Design und technische Entwicklung der RPA-Artefakte (vgl. Abschn. 5.7).
RPA-Test	Test der entwickelten Artefakte (vgl. Abschn. 5.8).
Freigabe RPA-Artefakt	Abschließende Freigabe der Artefakte, auch jeweils nach Anpassungen im laufenden Betrieb (vgl. Abschn. 5.8).
(Täglicher) RPA-Betrieb	Sicherstellung des gesamten laufenden RPA-Betriebs (vgl. Abschn. 5.10) sowie der Verfügbarkeit und Einhaltung von Notfallkonzepten und Ausweichlösungen (vgl. Abschn. 5.9)
RPA-Controlling	Dauerhafte Überwachung, Steuerung und Optimierung des RPA-Betriebs – eng einhergehend mit dem RPA-bezogenen kontinuierlichen Verbesserungsprozess.
Laufendes, RPA-bezogenes Prozessmanagement	Identifikation von Verbesserungspotenzialen innerhalb bereits automatisierter Prozesse. Ebenfalls eng einhergehend mit dem RPA-bezogenen kontinuierlichen Verbesserungsprozess.
Fehlerhandling	Identifikation von Fehlerursachen in vom Bot ausgeführten Prozessen und deren Behebung.
Releasemanagement	Sicherstellung der Berücksichtigung sämtlicher Releasezyklen (vgl. Abschn. 5.10).
Sicherstellung/ Weiterentwicklung RPA-Infrastruktur	Betreuung der RPA-Infrastruktur mit dem Ziel, die dauerhafte Verfügbarkeit sicherzustellen. Zusätzlich Weiterentwicklung, die insbesondere im Rahmen der Skalierung von RPA erforderlich ist.
Steuerung RPA-Unit	Fachliche und/oder disziplinarische Steuerung der RPA-Unit und ihrer Beschäftigten selbst.
Kommunikation in der Organisation	Planung und Durchführung sämtlicher Kommunikations-, Informations- und Schulungsmaßnahmen mit RPA-Bezug (vgl. Abschn. 6.2).

RPA-Entwickler

Der RPA-Entwickler beherrscht die technische Entwicklung von RPA-Artefakten und ihr Testen. Die Rolle erfordert ein entsprechend hohes IT-Verständnis. Der RPA-Entwickler arbeitet Hand in Hand mit dem RPA-Business-Analysten. Streng genommen gilt: Im Vergleich zum sonstigen Verständnis eines (IT-)Entwicklers entwickelt der RPA-Entwickler nicht, sondern konfiguriert (vgl. Willcocks & Lacity, 2016, S. 74).[2]

---

[2] Aus Gründen der Verständlichkeit wird hier trotzdem von einer Entwicklungstätigkeit in Bezug auf RPA-Artefakte gesprochen, nicht von einer Konfiguration.

RPA-Controller
An die Rolle des RPA-Controllers lassen sich ähnliche Anforderungen wie an andere Rollen im Controlling innerhalb der Finanzwirtschaft stellen. Hinzu kommt hier noch ein entsprechendes Verständnis der RPA-Technologie. Der RPA-Controller verwaltet, steuert und überwacht den RPA-Betrieb. Dabei stellt er eine kontinuierliche Weiterentwicklung und Verbesserung des internen Einsatzes von RPA sicher.

Die bis hierhin aufgeführten Rollen stellen ein sinnvolles Minimum dar, um alle anfallenden Aufgaben im RPA-Umfeld bearbeiten zu können (Minimalversion). Dennoch gilt: nicht immer werden alle aufgeführten Rollen benötigt. Teilweise können einzelne Rollen auch Aufgaben übernehmen, die ihnen ursprünglich nicht zugedacht sind. So kann das RPA-Controlling auch beispielsweise vom RPA-Manager übernommen werden, was die Rolle des RPA-Controllers obsolet machen würde. Die Anzahl der Beschäftigten, die die Rollen besetzen, hängt maßgeblich von der Anzahl der automatisierten Prozesse ab.

▶ Je großflächiger die geplante oder schon vorhandene Verbreitung von RPA innerhalb der Organisation, desto größer sollte die RPA-Unit sein – d. h. desto mehr Mitarbeiterkapazitäten sollten für diese verfügbar sein.

Neben den hier definierten Rollen findet man regelmäßig weitere Rollen. Hierbei handelt es sich jedoch meistens lediglich um eine noch feinere Differenzierung der oben aufgeführten Rollen. Diese ergänzenden Rollen können beispielsweise folgende sein (vgl. UiPath, 2019):

RPA-Sponsor
Der RPA-Sponsor sorgt für die (organisationsweite) Etablierung von RPA als Automatisierungslösung. Er schafft die strategischen Rahmenbedingungen und sorgt für die Bereitstellung notwendiger Ressourcen und Budgets.

RPA-Change-Manager
Der RPA-Change-Manager kümmert sich um die Begleitung von Veränderungen im Aufgabenfeld der Beschäftigten. Durch seine intensive Kommunikation auf allen Ebenen hält er sämtliche Beteiligte (Stakeholder) informiert und stellt idealerweise eine bereichsübergreifend positive Einstellung gegenüber RPA sicher.

RPA-Solution-Architect
Dem RPA-Solution-Architect obliegen Definition und Betreuung der (IT-)Infrastruktur, die für den RPA-Einsatz erforderlich ist. Er stellt zudem sicher, dass sich die RPA-Infrastruktur an sämtlichen organisationsindividuellen Architektur-Richtlinien orientiert.

RPA-Infrastruktur-Ingenieur
Der RPA-Infrastruktur-Ingenieur arbeitet operativer, als der RPA-Solution-Architect. Er stellt den dauerhaften Support für die RPA-Infrastruktur sicher und kümmert sich um Installationen der RPA-Software sowie damit verbundene Tätigkeiten.

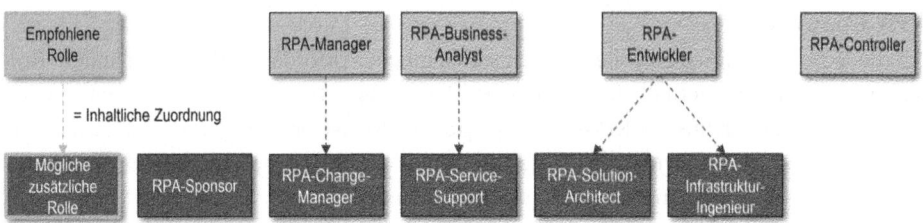

Abb. 6.4 Rollen RPA-Unit. (Eigene Darstellung)

RPA-Service-Support
Entstehen im laufenden Betrieb von RPA Rückfragen, beispielsweise aus den Fachbereichen, oder kommt es zu Fehlern im Betriebsablauf, bietet der RPA-Service-Support die erste Anlaufstelle und kümmert sich um eine Fehleranalyse und Lösungsschaffung.

Abb. 6.4 stellt sämtliche Rollen einer RPA-Unit grafisch dar. Außerdem wird hier erkennbar, welche der zuletzt definierten zusätzlichen Rollen sich in welcher der oben definierten Rollen in der Mindestversion wiederfinden. So übernimmt in Letzterer der RPA-Manager auch die Rolle des RPA-Change-Managers – in einer Person.

Aufgabenverteilung und Schnittstellen zum Fachbereich Im Rahmen der erfolgten Rollendefinition wurden bereits einige relevante Aufgaben der RPA-Unit und ihrer Beteiligter genannt. Diese werden im Folgenden detailliert betrachtet.

Eine beispielhafte Aufgabenverteilung der vorher definierten Rollen ist in Abb. 6.5 dargestellt. Zusätzlich zu den oben aufgeführten Rollen innerhalb der RPA-Unit, ist auch der Fachbereich zu sehen. Hierdurch werden die Schnittstellen deutlich, die zwischen RPA-Unit und Fachbereich bestehen – genau wie das Zusammenspiel der beiden Einheiten. Es hat sich bewährt, den Fachbereich in die Identifikation von Automatisierungspotenzialen mit einzubeziehen. Dies kann entweder durch proaktive Vorschläge bezüglich zu automatisierender Prozesse aus dem Fachbereich selbst erfolgen oder aber durch die Durchführung von Interviews und Workshops innerhalb der Fachbereiche durch den RPA-Business-Analysten. Auch die schlussendliche Freigabe von RPA-Artefakten sollte idealerweise durch den Fachbereich erfolgen, da dieser die Prozesse aus fachlicher Sicht am besten kennt und beurteilen kann, ob die Bots denselben Prozessoutput generieren, wie es Menschen tun.

Ergebnisse der Experteninterviews
Dr. Sandro Schurig, Bereichsleiter Depotservice/DekaBank: „Im Bereich Depotservice der DekaBank erfolgt die Identifikation von Prozessen, die ein Automatisierungspotenzial bieten, durch die Beschäftigen des Fachbereichs selbst. Ihre Vorschläge werden gesammelt, durch einen Koordinator bewertet und bei Bedarf priorisiert sowie anschließend zur Automatisierung weitergegeben. Die erforderliche Klick-Anleitung zur Entwicklung des jeweiligen RPA-Artefakts wird ebenfalls durch die Beschäftigten des Depotservice erstellt. Die Entwicklung der RPA-Artefakte findet dann zentralisiert in einem RPA-Team im IT-Bereich der DekaBank statt. Die dort entwickelten Artefakte werden an den Fachbereich zurückgegeben und nach abschließendem Test sowie etwaigen Anpassungen in den Produktivbetrieb übernommen."
Das gewählte Vorgehen verdeutlicht die mehrfachen Schnittstellen zwischen Fachbereich und RPA-Unit (hier in Form des RPA-Verantwortlichen IT-Bereichs).

	RPA-Unit				Fachbereich
	RPA-Manager	RPA-Business-Analyst	RPA-Entwickler	RPA-Controller	
Prozessidentifikation					■
Prozessaufnahme		■			
Prozessanpassung		■			
RPA-Artefaktentwicklung			■		
RPA-Testing			■		
Freigabe RPA-Artefakt					■
Täglicher RPA-Betrieb		■			
RPA-Controlling				■	
Laufendes, RPA-bezogenes Prozessmanagement	■			■	
Fehlerhandling		■	■		
Releasemanagement		■	■		
Sicherstellung/ Weiterentwicklung RPA-Infrastruktur			■		
Steuerung RPA-Unit	■				
Kommunikation im Unternehmen	■				

Abb. 6.5 Beispielhafte Aufgabenverteilung einer RPA-Unit. (Eigene Darstellung)

Weitere Schnittstellen finden sich im täglichen RPA-Betrieb und im Fehlerhandling. Für den täglichen Betrieb kann individuell entschieden werden, ob der Fachbereich die Bots selbst steuert oder ob diese Aufgabe innerhalb der RPA-Unit verbleibt. Letzteres kann dazu führen, dass vermehrte Ressourcen in der RPA-Unit vorzuhalten sind, um einen jederzeitigen Betrieb gewährleisten zu können. Im Fehlerhandling ist zu unterscheiden, um welche Art von Fehler es sich handelt. Liegt ein fachlicher Fehler vor, beispielsweise in Form einer nicht zulässigen Vorgabe an den Bot innerhalb eines Prozessdurchlaufs, steht der Fachbereich bei der Fehleridentifikation und -behebung im Fokus. Handelt es sich hingegen um einen Fehler in der Programmierung der RPA-Software oder in der Software selbst, ist zunächst der RPA-Business-Analyst verantwortlich und kann bei Bedarf andere Mitglieder der RPA-Unit hinzuziehen.

Möglicher Ansatz bei Einsatz einer großen Anzahl von Bots Wächst die Anzahl der parallel betriebenen Bots und soll die Verantwortung für deren Betrieb nach wie vor zentralisiert bestehen bleiben, bietet sich eine zusätzliche Erweiterung der RPA-Unit an. Willcocks und Lacity (2016, S. 143–144) schlagen hier die Aufteilung der RPA-Unit in zwei Teams vor. Das erste Team kümmert sich um die Umsetzung (neuer) Prozessautomatisierungen, entwickelt also neue Artefakte. Das zweite Team stellt den Betrieb der Bots sicher.

Hierzu gehört auch der Rollout der vom ersten Team fertiggestellten Artefakte. Zusätzlich bildet das zweite Team die Schnittstelle zu den Fachbereichen. Von dort eingehende Veränderungsanforderungen werden bewertet, bearbeitet und zur Artefakt-Entwicklung an das erste Team weitergegeben, genauso die laufend selbst identifizierten weiteren Automatisierungspotenziale.

Eingliederung der RPA-Unit innerhalb der Organisationsstruktur Wird der zentralisierte Ansatz gewählt, stellt sich in einem nächsten Schritt sofort die Frage nach der Eingliederung innerhalb der Organisationsstruktur. Grundsätzlich kommen hier zwei Optionen in Frage:

1. Zuordnung zu IT- und/oder Organisationsbereich
2. Zuordnung zu einem ausgewählten Fachbereich

Die Einschätzung der befragten Experten, aber auch die Erfahrung aus verschiedenen organisatorischen Implementierungen von RPA sprechen für eine Zuordnung zu IT- und/ oder Organisationsbereich.

Ergebnisse der Experteninterviews
Nach Einschätzung der befragten Experten sollte die RPA-Unit zentralisiert entweder innerhalb des IT- oder Organisationsbereichs angesiedelt werden. Keinesfalls aber in einem der Fachbereiche. Nur so lässt sich ein bereichsübergreifender, organisationsweiter RPA-Ansatz verfolgen. Zusätzlich wird in IT und Organisation im Regelfall das umfassendste Wissen im Bereich Prozesse und Prozessmanagement vorgehalten.
    Viele der automatisierbaren Prozesse finden sich in den Fachbereichen. Entsprechende Schnittstellen sind deshalb sicherzustellen. Insbesondere kann ein standardisiertes Vorgehen (beispielsweise durch Bereitstellung einer Toollösung) die Fachbereiche in der initialen Prozessidentifikation unterstützen. Die Bereitschaft, Prozesse des eigenen Fachbereichs zur Automatisierung vorzuschlagen oder selbst zu automatisieren, ist einzelnen Einschätzungen zufolge nicht immer gegeben. Auch hier kann eine nicht dem Fachbereich zugeordnete RPA-Unit helfen, das Thema RPA dennoch innerhalb der Organisation voranzutreiben.

    Abb. 6.6 zeigt eine entsprechende beispielhafte Umsetzung des zentralisierten Ansatzes – anhand der Zuordnung der Unit zum Organisationsbereich. Hierbei ist die RPA-Unit in einer klassischen, hierarchischen beziehungsweise funktionalen Organisationsform dargestellt. Der RPA-Manager ist zugleich Teamleiter der gesamten RPA-Unit. Er ist im Beispiel dem Organisationsbereichsleiter unterstellt. Selbstverständlich lassen sich auch andere Ansätze zur organisatorischen Gliederung der RPA-Unit selbst wählen. So kann diese sämtliche Formen, von einer rein funktionalen bis hin zu einer vollständig prozessorientierten Organisation, annehmen (vgl. hierzu beispielsweise Kirchmer & Hofmann, 2013, S. 85). Hierbei ist allerdings zu berücksichtigen, dass sich die Organisationsform einer einzelnen Unit in aller Regel an der Organisationsform des gesamten Unternehmens orientiert. Eine vollständig prozessorientierte Organisation einer einzelnen Unit in einem funktional organisierten Unternehmen ist erfahrungsgemäß selten zu finden.

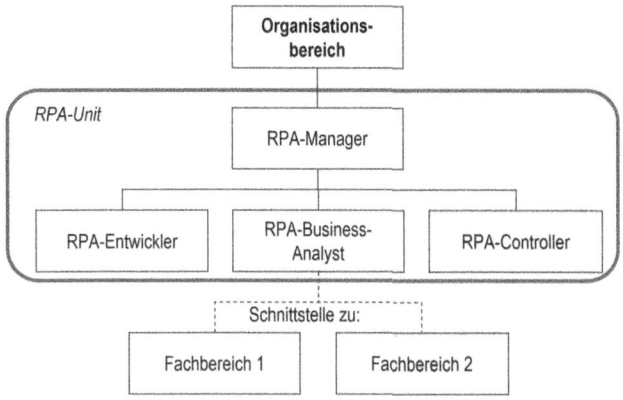

Abb. 6.6 Beispielhafte Umsetzung des zentralisierten Ansatzes. (Eigene Darstellung)

Die großen Vorteile einer zentralisierten Lösung liegen in der hohen Skalierbarkeit und den großen Effizienzgewinnen (und Kostenreduktionen) durch die Schaffung einheitlicher Standards. Ein großer und in der Praxis immer wieder beobachtbarer Nachteil ist das Schaffen eines möglichen Engpassfaktors („Bottleneck"), da sämtliche Prozesse und Entscheidungen in der Verantwortung der zentralisierten RPA-Unit liegen (vgl. Deloitte, 2017, S. 13).

Größe der RPA-Unit Die Größe einer RPA-Unit – in Form der Anzahl ihrer Teammitglieder – hängt zum einen von der Unternehmensgröße des RPA-Anwenders ab, zum anderen aber natürlich auch von Anzahl und Umfang automatisierter Prozesse und betriebener Bots. Eine international tätige Beratungsgesellschaft nennt folgende Größenordnungen der RPA-Units[3] von 22 Kunden (vgl. Deloitte, 2017, S. 12):

- sechs Kunden besitzen eine RPA-Unit mit ein bis fünf Beschäftigten
- sieben Kunden besitzen eine RPA-Unit mit sechs bis zehn Beschäftigten
- fünf Kunden besitzen eine RPA-Unit mit elf bis 24 Beschäftigten
- zwei Kunden besitzen eine RPA-Unit mit 25 bis 49 Beschäftigten
- zwei Kunden besitzen eine RPA-Unit mit mehr als 50 Beschäftigten

Folgt man den hier skizzierten mindestens sinnvollen Rollen, so besteht die RPA-Unit mit dem RPA-Manager, dem RPA-Business-Analysten und dem RPA-Entwickler aus mindestens drei Beschäftigten.

---

[3] Die Beratungsgesellschaft verwendet den alternativen Begriff „Center of Excellence" (CoE). Das hier verwendete Verständnis einen CoE weicht ab und wird im weiteren Verlauf genauer beschrieben.

Zu 2. Dezentralisierter Ansatz Der zweite in Abb. 6.3 dargestellte Ansatz zur Einordnung der RPA-Governance sieht eine dezentrale Zuordnung vor. Im hier betrachteten Modell würde dies bedeuten, dass sämtliche Aufgaben der RPA-Governance innerhalb der Bereiche, in denen Prozesse mit RPA automatisiert sind, ausgeübt werden müssen. Ein Schaffen spezialisierter Rollen, wie oben dargestellt, wird dadurch nahezu unmöglich. Dies führt regelmäßig dazu, dass unterschiedliche Ansätze und Vorgehensweisen innerhalb derselben Organisation verfolgt werden und einheitliche Standards fehlen. Hieraus können massive Ineffizienzen entstehen. Zudem fehlt es an Skalierbarkeit und das Risiko von Doppelarbeit steigt an (vgl. Deloitte, 2017, S. 13).

Zu 3. Hybrider Ansatz Der dritte in Abb. 6.3 dargestellte Ansatz ist die hybride Einordnung der RPA-Governance. Im Regelfall ist dies kein Modell, was von Anfang an verfolgt wird. Vielmehr entsteht ein solcher Ansatz im Zeitablauf oder existiert als Übergangsmodell. So lässt sich in der Praxis regelmäßig beobachten, dass die RPA-Governance erst nach der ersten (oder mehreren) RPA-Prozessimplementierung etabliert wird (vgl. auch die beiden Ansätze hierzu in Abschn. 6.2). In diesem Fall entwickeln sich einzelne Bestandteile und Aufgaben der RPA-Governance bereits dezentral (und oft unkoordiniert). Anschließend, bei Formalisierung der RPA-Governance, werden diese dann konsolidiert und in einer zentralen RPA-Unit zusammengezogen. Abb. 6.7 stellt solch ein Vorgehen dar. Der Vorteil eines hybriden Ansatzes liegt in der individuell zugeschnittenen Automatisierung in den einzelnen Fachbereichen, die dabei zentralisiert und standardisiert unterstützt werden. Dies kann jedoch nach wie vor dazu führen, dass Standards nicht einheitlich genutzt werden. Außerdem kann eine dezentrale Verantwortung für RPA nur dann erfolgreich sein, wenn die dezentral Verantwortlichen einen klaren Auftrag und ein entsprechendes Mandat für Implementierung und Betrieb von RPA erhalten (vgl. Deloitte, 2017, S. 13).

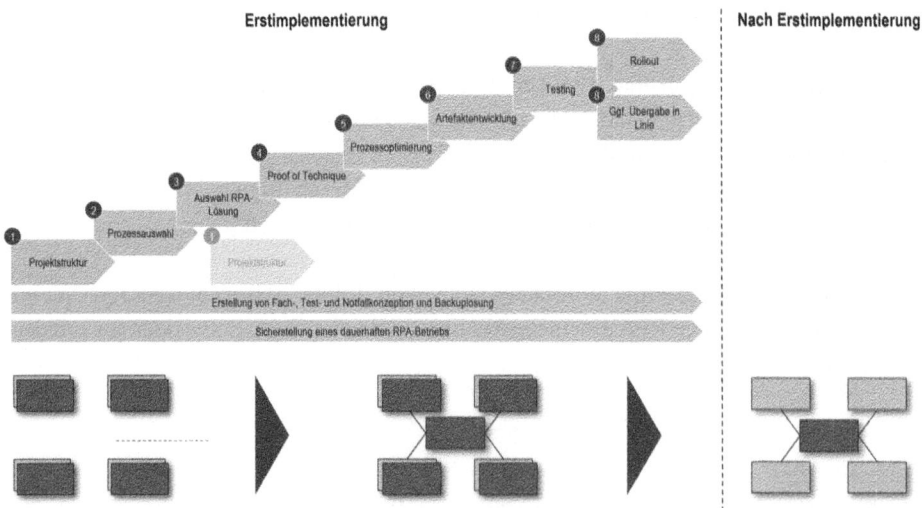

Abb. 6.7 Übergang von dezentraler zu zentraler RPA-Governance. (Eigene Darstellung)

Fazit zur organisatorischen Einordnung von RPA

Schlussendlich bietet sich nahezu ausschließlich der zentralisierte Ansatz für eine RPA-Unit an. Nur dieser ermöglicht ein effizientes Management von RPA mit allen zugehörigen Aufgaben in der eigenen Organisation (vgl. auch Deloitte, 2017, S. 14). Sind ausreichende Ressourcen vorhanden, sollte dieses Etablieren einer zentralisierten RPA-Governance bereits im Rahmen des initialen RPA Implementierungsprojekts erfolgen, um alle Mehrwerte frühzeitig heben zu können und um die Entstehung möglicher Ineffizienzen zu verhindern. Sind hingegen keine ausreichenden Ressourcen vorhanden, kann ein temporärer dezentraler Ansatz verfolgt werden, der schnellstmöglich in eine hybride Form und anschließend in die zentralisierte überführt wird (vgl. Abb. 6.7).

Ergebnisse der Experteninterviews

Die hier befragten Experten sprechen sich einheitlich für einen zentralisierten Ansatz aus. Als wichtigste Gründe werden hierbei die Vermeidung von Ineffizienzen und die schnellere und umfangreichere Bildung von RPA-Fachwissen genannt. Ein zentralisierter Ansatz wird hierbei als effizienter eingeschätzt, da im Regelfall eine einzige RPA-Software eingesetzt wird und auch sämtliche Vorgehensweisen einheitlich und abgestimmt bleiben. Durch die Konzentration von RPA-Wissen – und -Erfahrung – in einer Einheit, wächst dieses deutlich schneller, als bei einem dezentralisierten Ansatz.

„RPA Center of Excellence" In der relevanten Literatur, aber auch in Unterlagen der RPA-Softwareanbieter und RPA-Beratungen, findet sich regelmäßig der Begriff des „RPA Center of Excellence" (CoE) wieder. Im Folgenden wird dargestellt, worum es sich dabei im hier gewählten Verständnis handelt. Außerdem wird aufgezeigt, ab wann sich die Einrichtung eines solchen CoE überhaupt lohnt.

Definition eines CoE Es gilt erneut: Eine eindeutige Definition des CoE findet sich nicht. Die Beschreibungen weichen hier stark voneinander ab. So ist mit dem CoE teilweise ausschließlich die RPA-Unit im hier gewählten Verständnis gemeint. In anderen Fällen handelt es sich bei der Bezeichnung CoE um die gesamte RPA-Governance, also RPA-Unit und alle anderen Aufgaben und Themen im Zusammenhang mit RPA. Manchmal kann der missverständliche Eindruck entstehen, es handele sich beim CoE um eine Weiterentwicklung von RPA – beispielsweise um den Aufbau einer Art von RPA-Shared-Service-Center in der eigenen Organisation. Dem ist aber im Regelfall nicht so.

Hier soll deshalb folgende Definition gelten: Der Begriff RPA-CoE bezeichnet die oben beschriebene RPA-Unit, mitsamt all ihrer Aufgaben. Zusätzlich beinhaltet der Begriff des CoE die Einrichtung weiterer, übergeordneter Organe. Das RPA-CoE ist im hier gewählten Verständnis somit eine erweiterte, organisationsweit etablierte RPA-Unit. Diese wiederum ist verantwortlich für die RPA-Governance innerhalb der Organisation und damit alle Dinge, die organisationsweit RPA betreffen oder hiermit in Verbindung stehen.

Von der RPA-Unit zum CoE Der Übergang von einer RPA-Unit zu einem CoE ist diesem Verständnis nach fließend und mit verhältnismäßig geringem Aufwand umsetzbar. Ein wesentlicher Bestandteil des RPA-CoE ist ein RPA-Steuerungskreis (vgl. isg, 2019). Dieser besteht aus Vertretern sämtlicher relevanter Bereiche wie IT, Organisation, Fachbereiche, Revision u. a. Im Fokus des Steuerungskreises liegt die Sicherstellung einer organisationsweiten und damit bereichsübergreifenden Etablierung und Weiterentwicklung von RPA.

▶   Das Beispiel zeigt: Ein CoE ist spätestens dann sinnvoll, wenn die Prozessautomatisierung mit RPA zu einer organisationsweiten, strategischen Ausrichtung gehören soll.

Literatur

Deloitte. (2017). Robotic Process Automation in FSI. Kundenevent – kurze Zusammenfassung. https://www.google.com/url?sa=t&rct=j&q=&esrc=s&source=web&cd=1&cad=rja&uact=8&ved=2ahUKEwjM7P3l5rbgAhWRHRQKHRQ7B48QFjAAegQIAhAC&url=https%3A%2F%2Fwww2.deloitte.com%2Fcontent%2Fdam%2FDeloitte%2Fde%2FDocuments%2Ffinancial-services%2F20171127_Robotics%2520Event_Transscript%2520(003).pdf&usg=AOvVaw34KtZBEjvQ4nmbWWWIp6pH. Zugegriffen am 12.02.2019.

Fischermanns, G. (2015). *Praxishandbuch Prozessmanagement*. Verlag Dr. Götz Schmidt.

isg. (2019). RPA Center of Excellence. https://www.isg-one.com/articles/build-your-rpa-center-of-excellence. Zugegriffen am 10.02.2019.

Kirchmer, M. (2017). *High performance through business process management*. Springer.

Kirchmer, M., & Hofmann, R. (2013). Value-Driven Processgovernance. *IM+io Fachzeitschrift für Innovation, Organisation und Management, 03*, 82–89.

Lacity, M., & Willcocks, L. (2016). Robotic Process Automation at Telefónica O2. *MIS Quarterly Executive, 15*(1), 21–35.

Ostrowicz, S. (2018). *Next Generation Process Automation: Integrierte Prozessautomation im Zeitalter der Digitalisierung*. Ergebnisbericht Studie 2018. Horváth & Partners.

UiPath. (2019). RPA center of excellence. https://www.uipath.com/de/rpa/center-of-excellence. Zugegriffen am 10.02.2019.

Willcocks, L., & Lacity, M. (2016). *Service automation. Robots and the future of work*. Steve Brooks Publishing.

Erfolgsfaktoren von RPA-Einführungen

7

Zusammenfassung

Diese Kapitel fasst die bis hierhin erarbeiteten Erfolgsfaktoren für eine RPA-Einführung zusammen und erläutert diese zusammenhängend und detailliert. Zusätzlich werden auch bis hierhin noch nicht im Detail behandelte Erfolgsfaktoren, wie die Berücksichtigung regulatorischer Rahmenbedingungen, ergänzt. Letztere besitzen vor allem in der Finanzwirtschaft eine große Bedeutung, vermehrt auch für den großen Bereich der Informationstechnologien. Es wird gezeigt, wie sich mit einer Berücksichtigung der Erfolgsfaktoren, die in der Praxis immer wieder genannten Hemmnisse und Herausforderungen bewältigen lassen.

7.1 Überblick

Bis hierhin wurde an vielen Stellen direkt oder indirekt deutlich, welche Erfolgsfaktoren die Einführung und auch den späteren Betrieb von RPA begünstigen. Da die Berücksichtigung dieser Faktoren entscheidend für einen nachhaltigen, erfolgreichen Einsatz von RPA in der eigenen Organisation ist, führt sie das vorliegende Kapitel noch einmal zusammen. Zusätzlich werden auch solche Faktoren aufgeführt, die bis hierhin noch nicht im Betrachtungsfokus standen. Gleichzeitig werden jedoch nicht alle Bestandteile einer erfolgreichen RPA-Einführung noch einmal betrachtet. Vielmehr erfolgt eine Fokussierung auf die relevantesten Faktoren sowie solche, die in der Praxis auffallend häufig vernachlässigt werden.

Erfolgsfaktoren dienen unter anderem dazu, Hemmnisse zu beseitigen. Deshalb ist es in einem ersten Schritt erforderlich, die Herausforderungen und Hemmnisse bei der RPA-Implementierung und im anschließenden RPA-Betrieb zu analysieren (vgl. hierzu auch Abschn. 2.3, Lüth, 2018; Ostrowicz, 2018, S. 20). Diese sind zusammengefasst:

© Springer Fachmedien Wiesbaden GmbH, ein Teil von Springer Nature 2023   129
M. Smeets et al., *Robotic Process Automation (RPA) in der Finanzwirtschaft*,
https://doi.org/10.1007/978-3-658-42290-5_7

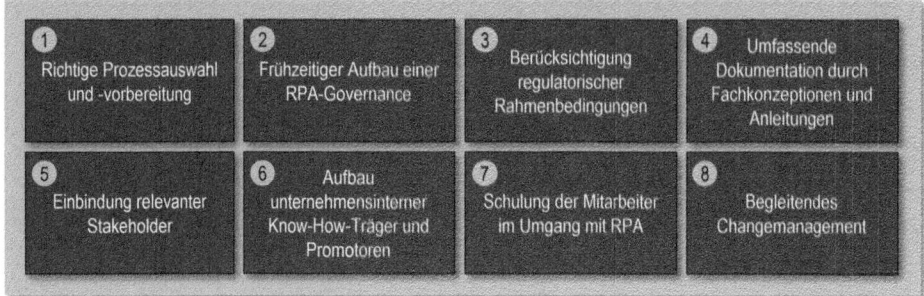

Abb. 7.1 Erfolgsfaktoren von RPA-Einführungen. (Eigene Darstellung)

1. Sicherheitsbedenken
2. Personalwiderstände
3. organisationspolitische Widerstände
4. fehlende Rückendeckung durch die Führungsebene
5. unzureichende Unterstützung durch die IT
6. Bedenken im Rahmen Governance, Risk und Compliance
7. fehlendes Verständnis für die Integration in bestehende IT-Landschaften und Betriebsmodelle
8. fehlendes Bewusstsein des Managements für die Relevanz der Technologie und damit einhergehend eine geringe Unterstützung
9. Befürchtung hoher Investitionsvolumina für die RPA-Implementierung
10. Fehlendes Know-how in der Organisation

Sämtlichen hier aufgeführten Herausforderungen und Hemmnissen kann mithilfe der in Abb. 7.1 zu sehenden Erfolgsfaktoren begegnet werden. Auf diese wird in den folgenden Abschnitten detailliert eingegangen.

▶   Die Relevanz eines jeden Erfolgsfaktors hängt maßgeblich von Art und Umfang
      der RPA-Einführung in der eigenen Organisation ab. Bereits zu Beginn der
      Planungen sollte deshalb geprüft werden, welche Faktoren besonders wichtig
      und bei der Umsetzung zu berücksichtigen sind.

7.2   Richtige Prozessauswahl und Vorbereitung

Einer der wichtigsten Faktoren für eine nachhaltig erfolgreiche RPA-Implementierung ist die Auswahl der richtigen Prozesse und deren anschließende Vorbereitung. Sowohl Abschn. 3.2 als auch Abschn. 5.4 und 5.6 haben dies umfassend erläutert.

Für die erstmalige Nutzung von RPA in der eigenen Organisation empfiehlt es sich, mit der Automatisierung einfacher Prozesse zu starten. Hiermit lassen sich schnelle erste Erfolge generieren, was wiederum bei der Beseitigung von anfänglichen Vorbehalten hilft und auf Managementebene ein Bewusstsein für die Relevanz der RPA-Technologie schaffen kann (vgl. Hemmnis 8). Zusätzlich zeigt ein erster, mit geringem Aufwand zu automatisierender Pilotprozess, dass RPA oft keine hohen Investitionsvolumina erfordert (vgl. Hemmnis 9). Eng einher mit Letzterem geht die grundsätzlich richtige Prozessauswahl. Hierfür sind zunächst entsprechende Auswahlkriterien zu definieren. Diese gehören zwei Gruppen an, den technischen und den betriebswirtschaftlichen Auswahlkriterien. Für die technische Auswahl gelten meist immer die gleichen Kriterien. Anders bei den betriebswirtschaftlichen. Diese sind in ihrer Ausgestaltung meist deutlich individueller als die technischen. So bewerten die einen Institute Prozesse anhand detaillierter Stückkosten, die anderen arbeiten mit Pauschalwerten.

Sind die entsprechenden Prozesse ausgewählt und aufgenommen, folgt die technische und fachliche Prozessoptimierung. Auch dies ist ein maßgeblicher Erfolgsfaktor. Neben den Optimierungspotenzialen, die nahezu jeder Prozess mit sich bringt, ermöglichen häufig erst Prozessanpassungen den Einsatz von Bots. Ein gutes Beispiel hierfür sind Prozesse, die noch auf dem gegenseitigen Versenden von Faxen beruhen.

Beispiel

Im Rechnungswesen vieler Banken werden bestimmte Buchungen noch unter Rückgriff auf Faxbestätigungen versandt. Gibt ein Kunde beispielsweise innerhalb eines kurzen Zeitraums zwei nahezu identische Überweisungen auf, fragt der verantwortliche, meist zentrale Bereich per Fax bei der kundenbetreuenden Stelle an, ob die doppelte Überweisung in Ordnung ist. Die kundenbetreuende Stelle nimmt daraufhin Rücksprache mit dem Kunden und bestätigt anschließend per Fax die Überweisung (oder lehnt diese ab).

Mittels einer geringfügigen Veränderung – nämlich dem Wechsel von Fax zu E-Mail – wird hieraus ein automatisierbarer Prozess. ◄

7.3   Frühzeitiger Aufbau einer RPA-Governance

Wenngleich in Abschn. 6.2 auch eine erst nachgelagerte Einführung einer RPA-Governance vorgestellt worden ist, geht die Empfehlung klar zur sofortigen Schaffung der RPA-Governance. Hiermit wird sichergestellt, dass alle erforderlichen Rahmenbedingungen, Vorarbeiten, begleitenden Maßnahmen, etc. berücksichtigt werden. Vielen der in Abschn. 7.1 aufgeführten Herausforderungen und Hemmnisse kann durch eine frühzeitig etablierte RPA-Governance begegnet werden. Um zu Beginn der RPA-Nutzung ressourcenschonend zu agieren, können auch einzelne Aspekte der RPA-Governance sofort diskutiert, verabschiedet und eingesetzt werden – andere dann zeitlich nachgelagert.

7.4 Berücksichtigung regulatorischer und angrenzender Rahmenbedingungen

Überblick Anders als in anderen Branchen spielen in der Finanzwirtschaft die regulatorischen Rahmenbedingungen eine besonders große Rolle. Sie bestimmen weite Teile des täglichen Bankbetriebs. Auch das Prozessmanagement der Banken ist maßgeblich von regulatorischen Anforderungen und Vorgaben bestimmt. Die Betroffenheit des Prozessmanagements beginnt (im engeren Sinne) bei den Anforderungen an eine ausreichende Prozessdokumentation und endet (im weiteren Sinne) bei den fachlich-regulatorischen Vorgaben für einzelne Prozesse, beispielsweise den detaillierten Vorschriften zur internen Kontrolle bei Kreditvergaben. Diese Vorgaben und Anforderungen verhindern nicht den Einsatz von RPA. Jedoch stellen sie im Branchenvergleich höhere Anforderungen an eine aufmerksame Prozessauswahl und -planung beim Einsatz von RPA.

Gemeinsam mit den regulatorischen Rahmenbedingungen bilden andere, ähnliche Anforderung ein Geflecht von Sicherheit, Regulatorik und Compliance, indem sich RPA wiederfindet. Dieses ist in Abb. 7.2 dargestellt. Grundsätzlich gilt es, sich innerhalb der eigenen Organisation frühzeitig mit den Verantwortlichen zu den genannten Themen abzustimmen. Dies wirkt sich positiv auf die Hemmnisse 1, 3 und insbesondere 6 aus. Hierbei sollten neben einer grundsätzlichen Information zur RPA-Technologie und zum geplanten Vorhaben, auch Anforderungen der Themenverantwortlichen an die RPA-Implementierung eingeholt werden. Geschieht dies rechtzeitig, lassen sie sich problemlos berücksichtigen.

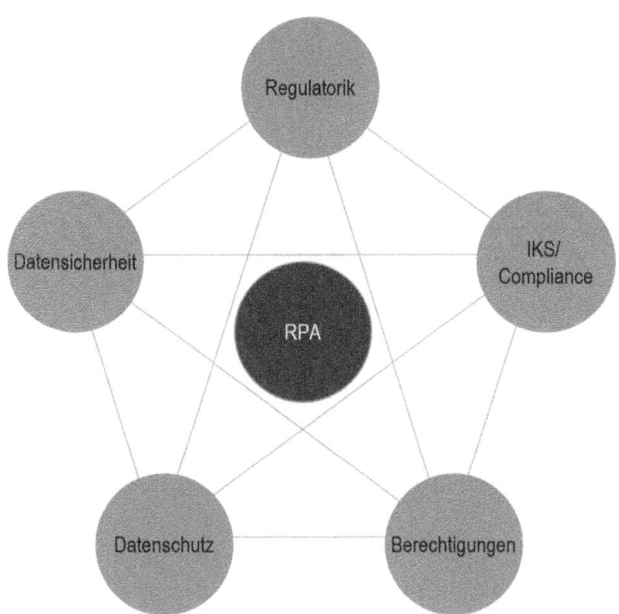

Abb. 7.2 RPA im Geflecht von Sicherheit, Regulatorik und Compliance. (Eigene Darstellung)

Allgemeine Beispiele für Anforderungen   So können Anforderungen im Bereich Datenschutz beispielsweise die Dateispeicherorte der Bot-Protokolle vorgeben. Spätestens bei der Dokumentation kundenspezifischer Daten ist hier eine hohe Sensibilität erforderlich. Die Anforderungen aus dem Bereich Datenschutz gehen häufig eng einher mit den Anforderungen der Compliance und betreffen Themen wie Berechtigungen der Bots, räumlicher Zugang zu den Bots, Ausschluss von Bedienfehlern u. ä. Die regulatorischen Anforderungen können – einzelfallspezifisch – komplexer sein und werden im Folgenden detailliert betrachtet.

Zwei Arten regulatorischer Anforderungen   Bei der Berücksichtigung regulatorischer Anforderungen im Rahmen von RPA ist zunächst eine grundlegende Unterscheidung vorzunehmen: Handelt es sich um eine Anforderung an den fachlichen Inhalt des Prozesses selbst, oder handelt es sich um eine Anforderung an IT, Prozessmanagement o.ä. Der erste beschriebene Fall ist hier nicht weiter relevant. Es handelt sich hierbei beispielsweise um die oben beschriebenen Kontrollen bei der Kreditvergabe, also eine Anforderung an den fachlichen Prozessinhalt. Anders im zweiten Fall. Hier sind insbesondere die BAIT, die Bankaufsichtlichen Anforderungen an die IT, zu nennen (vgl. BaFin, 2021b). Diese beschreiben konkrete Anforderungen an die Informationssicherheit und die IT-Governance der Banken. Da RPA eine Software ist, kann grundsätzlich von Auswirkungen auf den Einsatz von RPA in der Finanzwirtschaft ausgegangen werden.

Im Folgenden sollen zwei regulatorische Anforderungsdokumente näher betrachtet werden, die aus Sicht der Autoren die meiste Relevanz für den Einsatz von RPA in der Finanzwirtschaft besitzen: Die bereits genannten BAIT und die Mindestanforderungen an das Risikomanagement (MaRisk), hier insbesondere die Anforderungen des Allgemeinen Teil (AT) 9 (vgl. BaFin, 2021a).

BAIT und RPA   Die BAIT interpretieren die Anforderungen des § 25a, Absatz 1, Satz 3 Nr. 4 und 5 Kreditwesengesetz (KWG). Sie schaffen hierbei Vorgaben bezüglich der technischen und organisatorischen Ausstattung der hauseigenen IT-Systeme, der Informationssicherheit und der Schaffung von Notfallkonzepten. Bei der Prüfung einer Betroffenheit von RPA muss berücksichtigt werden, dass die Nutzung von RPA-Software viele Kriterien der BAIT nicht erfüllt, beispielsweise wird bei einer RPA-Implementierung keine Anwendung im eigentlichen Sinne entwickelt (vgl. BaFin, 2021b). Hier kann nun diskutiert werden, ob die Vorgaben dennoch für RPA gelten. Anstelle einer Diskussion beziehungsweise eines zu engen Auslegens der BAIT (und damit einer Nicht-Berücksichtigung bezüglich RPA), empfiehlt es sich, die Vorgaben so weit wie möglich und sinnvoll zu beachten und auf RPA zu übertragen. Insbesondere die in Tab. 7.1 aufgeführten Ziffern der BAIT und deren Inhalte besitzen nach Einschätzung der Autoren eventuelle Relevanz im Hinblick auf RPA (vgl. auch Tranker et al., 2018, S. 48–49). Ihre möglichen Implikationen sind ebenfalls in Tab. 7.1 skizziert.

Tab. 7.1 zeigt die möglicherweise große Relevanz der BAIT für RPA. Schwerpunkte liegen in den Bereichen IT-Governance, Benutzerberechtigungsmanagement, IT-Projekte,

Tab. 7.1 BAIT und RPA. (Vgl. BaFin, 2021b; Tranker et al., 2018, S. 48–49)

Ziffer in BAIT	Kategorie	Inhaltsskizze	Mögliche Implikation für RPA
2.3	IT-Governance	Ressourcen-/Personalausstattung	Beispielsweise für Sicherstellung RPA-Betrieb relevant.
2.4	IT-Governance	Interessenskonflikte und unvereinbare Tätigkeiten in Aufbau-/Ablauf-Organisation	Beispielsweise Trennung zwischen Entwicklung der RPA-Artefakte und anschließendem Betrieb der Bots.
3.3	Informationsrisikomanagement	Überblick über Informationsverbund	RPA sollte aufgeführt und bekannt sein.
6.2	Identitäts- und Rechtemanagement	Berechtigungskonzepte/Sparsamkeitsgrundsatz	Auch für Bots gelten organisations-individuelle Regelungen hierzu.
6.3	Identitäts- und Rechtemanagement	Notwendigkeit der Zuordnung nicht personalisierter Berechtigungen	Dokumentation von Ausnahmeregelung sinnvoll.
7.6	IT-Projekte, Anwendungsentwicklung	Festlegung von Prozessen für Anwendungsentwicklung	Nutzung/Berücksichtigung der Prozesse im Rahmen RPA sinnvoll.
7.8	IT-Projekte, Anwendungsentwicklung	Vorkehrungen in Anwendungsentwicklung zur Einhaltung von Vertraulichkeit, Integrität, Verfügbarkeit und Authentizität	Nutzung/Berücksichtigung der Vorkehrungen im Rahmen RPA sinnvoll.
7.9	IT-Projekte, Anwendungsentwicklung	Vorkehrungen zur Prüfung, ob absichtliche oder unabsichtliche Manipulation vorliegt	Beachtung der organisations-individuellen Regelungen sinnvoll.
7.10	IT-Projekte, Anwendungsentwicklung	Nachvollziehbare Dokumentation der Anwendungsentwicklung	Beachtung der organisations-individuellen Regelungen sinnvoll.

7.11	IT-Projekte, Anwendungsentwicklung	Testmethodik	Beachtung der organisations-individuellen Regelungen sinnvoll.
7.12	IT-Projekte, Anwendungsentwicklung	Überwachung nach Produktivnahme	Beachtung der organisations-individuellen Regelungen sinnvoll.
7.13	IT-Projekte, Anwendungsentwicklung	Regelungen zum Umgang der Endbenutzer mit Software	Beachtung der organisations-individuellen Regelungen sinnvoll.
7.14	IT-Projekte, Anwendungsentwicklung	Regelungen Benutzerzugriff, Berechtigungen, u. ä.	Beachtung der organisations-individuellen Regelungen sinnvoll.
8.2	IT-Betrieb	Verwaltung der Komponenten der IT-Systeme und deren Beziehungen zueinander	Beachtung der organisations-individuellen Regelungen sinnvoll.
8.3	IT-Betrieb	Steuerung des Portfolios aus IT-Systemen	Beachtung der organisations-individuellen Regelungen sinnvoll.
9.2	Auslagerungen und sonstiger Fremdbezug	Risikobewertung vor Fremdbezug	Prüfung erforderlich, vgl. auch im Folgenden.
9.3	Auslagerungen und sonstiger Fremdbezug	Sonstiger Fremdbezug in Übereinstimmung mit IT-Strategie	Beispielsweise Prüfung auf Übereinstimmung mit IT-Strategie.
9.4	Auslagerungen und sonstiger Fremdbezug	Maßnahmen aus Prüfung in Vertragsgestaltung berücksichtigen	Organisationsindividuell.
9.5	Auslagerungen und sonstiger Fremdbezug	Regelmäßige Risikobewertung des sonstigen Fremdbezugs	Laufende Risikobewertung sinnvoll.

Anwendungsentwicklung, IT-Betrieb und Auslagerungen und sonstiger Fremdbezug (vgl. auch Deloitte, 2017, S. 27). Die Erfahrung aus der Praxis zeigt hierbei allerdings, dass viele der genannten Themen bereits durch bestehende Richtlinien und Regelungen abgedeckt und eingehalten werden und ihre explizite Berücksichtigung damit obsolet ist. Als zusammenfassende Empfehlung im Hinblick auf die Berücksichtigung der BAIT im Rahmen von RPA-Implementierung und RPA-Betrieb lässt sich festhalten, frühzeitig die Abstimmung zu den aufgeführten oder sogar weiteren Punkten zu suchen. Ansprechpartner hierfür können die verantwortlichen Stellen in der eigenen Organisation oder auch externe Berater sein. Hiermit können dann eine tatsächliche Betroffenheit geprüft und erforderliche Maßnahmen abgeleitet werden.

MaRisk AT 9 und RPA   Neben den BAIT können auch in AT 9 der MaRisk beschriebene Vorgaben zu Auslagerungen Einfluss auf den Einsatz von RPA haben (vgl. BaFin, 2021a). Die BAIT nehmen hierzu ebenfalls Stellung (vgl. BaFin, 2021b). Im Kern ist die hieraus resultierende Fragestellung zu beantworten, ob es sich bei RPA um eine Auslagerung oder einen sonstigen Fremdbezug nach AT 9 der MaRisk handelt. Aus diesen jeweiligen Tatbeständen resultieren unterschiedliche Anforderungen, die sich in ihrer Komplexität unterscheiden. So sind bei einer Auslagerung weitere Schritte erforderlich, wie beispielsweise die Prüfung, ob die Prozesse auslagerbar sind, ob es sich um eine wesentliche Auslagerung handelt, etc. (vgl. Tranker et al., 2018, S. 48).

Sonstiger Fremdbezug und Auslagerung   Zunächst stellt sich die Frage, was ein sonstiger Fremdbezug und was eine Auslagerung ist. Ein isolierter Bezug von Software fällt unter den sonstigen Fremdbezug. Dieser beinhaltet auch das institutsindividuelle Anpassen der Software, Wartung, Implementierung und sonstige Unterstützungsleistungen durch externe Dritte im Rahmen des Softwareerwerbs (vgl. Tranker et al., 2018, S. 47–48). Wird diese Software jedoch für wesentliche Aufgaben des Bankgeschäfts eingesetzt oder erfolgen umfangreiche Unterstützungen seitens des Softwareanbieters zur Identifizierung, Beurteilung, Steuerung, Überwachung und Kommunikation von Risiken, handelt es sich um eine Auslagerung (vgl. Tranker et al., 2018, S. 45). Solche Unterstützungsleistungen können auch hier sein: Die institutsindividuelle Anpassung der Software, die Umsetzung von Programmierleistungen für Änderungen an der Software, Test und Freigabe der Software in der produktiven Umgebung, Fehlerbehebungen und sonstige Unterstützungsleistungen, die über die eigentliche Beratungsleistung hinausgehen. Der vollständige Betrieb der Software durch externe Dritte ist immer eine Auslagerung (vgl. Tranker et al., 2018, S. 45).

Handelt es sich bei RPA um einen sonstigen Fremdbezug oder um eine Auslagerung?   Grundsätzlich kann beim Einsatz von RPA zunächst von einem isolierten Bezug von Software, meist inklusive der oben beschriebenen Zusatzleistungen ausgegangen werden. Jedoch ist individuell zu prüfen, ob eine der drei in den MaRisk beschriebenen Ausnahmen zutrifft (vgl. Tranker et al., 2018, S. 47–48):

- Der Einsatz der Software für die Identifizierung, Beurteilung, Steuerung, Überwachung und Kommunikation von Risiken (also insbesondere der Einsatz im Risikomanagement).
- Wesentliche Bedeutung der Software für die Durchführung von Bankgeschäften.
- Betrieb der Software durch einen externen Dritten.

Trifft ein Fall zu, ist von einer Auslagerung auszugehen. RPA-Software führt einfache Tätigkeiten nach fest definierten Regeln aus. Hierbei hat sie einen unterstützenden Charakter und senkt das Fehlerpotenzial menschlicher Prozessbearbeitungen. Aus diesem Grund ordnet die einschlägige Literatur RPA – auch bei einem Einsatz im Risikomanagement – dem sonstigen Fremdbezug gemäß AT 9 der MaRisk zu (vgl. Tranker et al., 2018, S. 48).

▶   Grundsätzlich gilt: Die Auswirkungen der beschriebenen regulatorischen Vorgaben auf den Einsatz von RPA in der eigenen Organisation sollten möglichst frühzeitig bei der Implementierung von RPA geprüft werden.

Abb. 7.3 zeigt ein mögliches und von der BaFin vorgeschlagenes Prüfschema, um festzustellen, ob eine Auslagerung oder sonstiger Fremdbezug vorliegt.

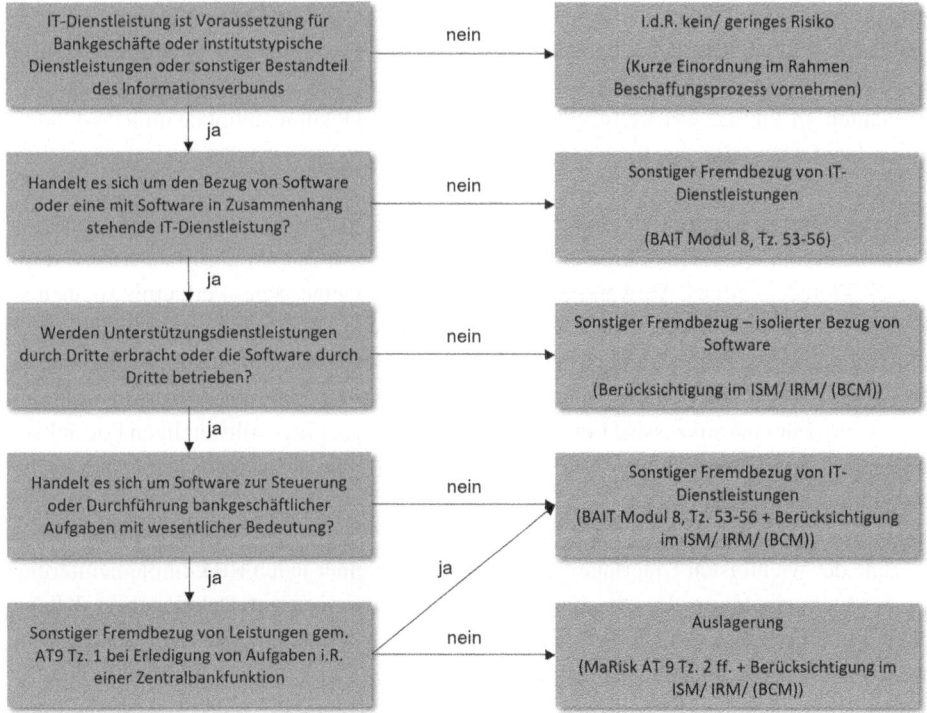

Abb. 7.3 Prüfschema Auslagerung. (Angelehnt an BaFin, 2019)

RPA und Datenschutz RPA steuert im Regelfall lediglich die automatisierten Anwendungen. Diese sollten bereits alle Anforderungen von Seiten des Datenschutzes berücksichtigen. Beispielsweise können dies Vorgaben zu Speicherfristen oder -orten von Kundendaten sein. Mindestens an einer Stelle ist in Bezug von RPA und Datenschutz jedoch Vorsicht geboten: RPA dokumentiert Systemeingaben, in der Praxis meist ergänzt um individuell angefertigte und oft umfangreiche Dokumentationen, die auch spezifische Kundendaten enthalten können. In diesem Fall sind sämtliche Rahmenbedingungen vorher mit den internen Datenschutzbeauftragten abzustimmen und zu berücksichtigen, auch was Speicherort und -dauer betrifft.

7.5   Umfassende Dokumentation durch Fachkonzeptionen und Anleitungen

RPA lädt seine Nutzer ein, die Technologie schnell und mit wenig Aufwand zu installieren und Prozesse oder einzelne Prozessschritte in kürzester Zeit zu automatisieren. Dokumentationen und schriftlich fixierte Vorgaben kosten hierbei Zeit für Erstellung und Abstimmung. Aus diesem Grund wird in der Praxis oftmals hieran gespart. An vielen Stellen wurde schon darauf hingewiesen, dass ein zu schnelles und unvollständiges Vorgehen bei der RPA-Implementierung nicht sinnvoll ist und dem vollen Effizienzgewinn durch RPA entgegensteht. Auch hier soll die Bedeutung einer umfassenden Dokumentation noch einmal dargestellt werden. Diese hat einen positiven Einfluss auf die Beseitigung der Hemmnisse 3, 7, 8 und 10 – zusätzlich aber auch indirekt auf viele weitere der in Abschn. 7.1 genannten. In Tab. 7.2 werden hierfür die relevantesten Dokumentationen im RPA-Umfeld zusammenfassend dargestellt und anschließend erläutert.

Relevanz der Konzepte Die Spalte „Relevanz" gibt wieder, ab wann die entsprechende Dokumentation spätestens eingesetzt werden sollte. Grundsätzlich gilt: Je früher, desto besser. Trotzdem gilt es, Aufwand und Nutzen in ein angemessenes Verhältnis zueinander zu setzen. Ist beispielsweise in der frühen Phase einer RPA-Pilotierung noch nicht klar, ob die Technologie anschließend langfristig genutzt werden soll, lohnt sich die Dokumentation eines standardisierten Vorgehens zur Prozessauswahl, also ein Prozessauswahlkonzept, nicht. Für eine sukzessive Formalisierung – entgegen einer vollständigen Formalisierung von Beginn an – sprechen auch mögliche Lerneffekte, die sich aus den ersten Implementierungen heraus ergeben.

Eine der wichtigsten Unterlagen, gleich zu Beginn einer jeden RPA-Implementierung, ist die Dokumentation des zu automatisierenden Prozesses auf Detailebene („Klickebene") in einer Klick-Anleitung. Hiermit ist nicht der in einem ersten Schritt aufgenommene Prozess gemeint, sondern vielmehr der analysierte und optimierte Prozess. Die Dokumentation dient dem RPA-Entwickler bei der Entwicklung des RPA-Artefakts. Gleichzeitig bietet sie dem fachlich Prozessverantwortlichen (und damit meist dem Abnehmenden des automatisierten Prozesses) sowie Dritten, wie beispielsweise der internen Revision,

Tab. 7.2 Dokumentationen im Bereich RPA

Dokumentation	Inhalt	Relevanz
Prozessdokumentation	Dokumentation des aufgenommenen und optimierten/angepassten Prozesses in einer für die jeweilige Organisation bekannten und dort verwendeten Dokumentationsform	Bereits für erstmalige RPA-Implementierung
Klick-Anleitung	Detaillierte, prozessindividuelle Schritt-für-Schritt-Anleitung für die Entwicklung des RPA-Artefakts	Bereits für erstmalige RPA-Implementierung
Notfallkonzept	Definition von Ausweichlösungen und Notfallmaßnahmen	Bereits für erstmalige RPA-Implementierung
Testkonzept	Vorgaben für Test und Freigabe entwickelter RPA-Artefakte	Beim geplant langfristigen Einsatz von RPA; für erstmalige RPA-Implementierung jedoch bereits in Grundzügen
Prozessauswahlkonzept	Beschreibung der langfristigen Vorgehensweise bei der Prozessauswahl und -priorisierung	Beim geplant langfristigen Einsatz von RPA
RPA-Rahmenkonzept	Beschreibung von Organisation des RPA-Betriebs, Rollen und Verantwortlichkeiten sowie Prozessen bei Einführung und Betrieb von RPA	Beim geplant langfristigen Einsatz von RPA

eine Grundlage zur Prüfung, ob die Artefakt-Entwicklung und damit die Automatisierung korrekt erfolgt ist (vgl. hierzu auch Abschn. 5.6.3). Zusätzlich ist auf Basis des angepassten Prozesses die meist schon bestehende Prozessdokumentation in den individuellen Organisationsanweisungen anzugleichen. Ebenfalls bereits ab der ersten RPA-Nutzung im Produktionsbetrieb relevant, ist ein Notfallkonzept (vgl. Abschn. 5.9).

Ein formelles Testkonzept (vgl. auch Abschn. 5.8) ist nur in seinen Grundzügen von Beginn an erforderlich. Meist reichen anfangs grobe Rahmenbedingungen aus, um ein valides und ausreichendes Testen zu ermöglichen. Anschließend kann dann die Formalisierung in Konzeptform erfolgen. Prozessauswahl- und Rahmenkonzept lohnen sich erst bei einer (geplant) langfristigen Etablierung von RPA. Diese beschreiben jeweils langfristig orientierte Vorgehensweisen, Prozessabläufe, Rollen, Verantwortlichkeiten und Rahmenbedingungen. Das RPA-Rahmenkonzept bildet zudem eine Art Klammer um die anderen Konzepte und schließt mögliche Lücken.

7.6 Einbindung relevanter Stakeholder

Für viele Organisationen stellt sich RPA derzeit noch als eine verhältnismäßig neue Technologie dar. Entsprechend ist sie unbekannt und oft mit Vorurteilen behaftet. Eine frühzeitige Einbindung relevanter Stakeholder entscheidet deshalb maßgeblich mit über die organisationsweite Akzeptanz von RPA und ist einer der wichtigsten Erfolgsfaktoren auf dem Weg hin zu einer erfolgreichen Nutzung von RPA. Er wirkt sich positiv auf nahezu alle in Abschn. 7.1 aufgeführten Hemmnisse aus.

Vorgehen bei der Einbindung relevanter Stakeholder In einem ersten Schritt sind relevante Stakeholder zu identifizieren. Anschließend sollten diese – auch hier möglichst frühzeitig – in die Einführung von RPA eingebunden werden. So lassen sich schnell Informationsdefizite beheben und mögliche Blockadehaltungen auflösen. Vielfach ist es ein Nicht-Wissen (anstelle eines Nicht-Wollens), das überhaupt erst Herausforderungen und Hemmnisse entstehen lässt.

Für eine ausreichende Einbindung bieten sich im ersten Schritt vor allem Informationsgespräche an. Schon vor Beginn einer möglichen Implementierung sollte die Technologie mit all ihren Vor- und Nachteilen transparent erläutert und anhand von Beispielen vorgestellt werden. Im weiteren Verlauf bietet es sich an, einzelne Stakeholder in die Projektarbeit einzubinden. Dies kann ebenfalls im Rahmen von Informationsgesprächen, oder aber sogar in Form von aktiver Mitarbeit im Projekt und damit einhergehend entsprechender Entscheidungskompetenz bezüglich RPA geschehen.

Relevante Stakeholder Die relevanten Stakeholder sind im Regelfall:

- Vorstand/Geschäftsführung
- Personalbereich
- Betriebsrat/Personalrat
- Organisation/IT
- „Kontrollorgane" (Revision, Compliance, Datenschutz, Datensicherheit)
- Fachbereiche

Ergebnisse der Experteninterviews

Die Einschätzung bezüglich relevanter Stakeholder wird auch von den befragten Experten nahezu einheitlich bestätigt. Die Fachbereiche spielen insbesondere dann eine große Rolle, wenn RPA seine Pilotphase verlässt und bereichs- oder sogar organisationsweit eingesetzt wird. Hier wird eine zunehmende, breitflächige Akzeptanz erforderlich.

Geht es um die (zeitliche) Priorisierung bei der Einbindung relevanter Stakeholder, empfiehlt Lukas von Eicken, Projektleiter Robotics bei der Nassauischen Sparkasse, ein pyramidales Vorgehensmodell: In einem ersten Schritt erfolgt die Einbindung des Top-Managements, des Betriebs- oder Personalrats und der Kontrollorgane. In einem zweiten Schritt werden die Bereichsleiter der von der RPA-Einführung betroffenen Fachbereiche eingebunden. Der dritte Schritt schließt mit der Einbindung aller involvierten Beschäftigten dieser Fachbereiche ab. Der Vorteil des Modells liegt darin, dass der Aufwand für die Einbindung zeitlich verteilt werden kann, und durch die top-down Einbindung aller Stakeholder eine von Management und (Kontroll-)Gremien gestützte Akzeptanz vorliegt. Zusätzlich entstehen im Zeitablauf immer mehr Multiplikatoren, was den Aufwand auf immer mehr Personen verteilt und für die einzelne Person kleiner werden lässt.

Watson und Wright (2017, S. 12) untersuchen in ihrer Studie den Grad der Unterstützung der (organisationsweiten) RPA-Implementierung durch unterschiedliche Stakeholder. Mit jeweils 72 % sind das Top-Management sowie fachliche/funktionale Führungskräfte (also beispielsweise nicht disziplinarisch führende Projektleiter) die beiden am stärksten unterstützenden Gruppen. Es folgen Prozessverantwortliche mit 65 %, Teammitglieder mit 53 % und disziplinarische Führungskräfte (also beispielsweise Abteilungs- oder Teamleiter) mit 50 %. Der IT-Bereich unterstützt mit immerhin noch 31 %.

7.7 Aufbau organisationsinterner Know-how-Träger und Promotoren

Um möglichst schnell organisationseigenes Wissen zu RPA zu generieren, sind bereits frühzeitig Know-how-Träger aufzubauen (vgl. Hemmnis 10). In Abschn. 6.2 wurde erläutert, wie ein RPA-bezogenes Wissensmanagement aussehen und aufgebaut werden kann.

Der Vorteil einer ausreichenden Anzahl an Know-how-Trägern ist vielschichtig. So tragen diese zur Erhöhung des Bekanntheitsgrades von RPA in allen Unternehmensbereichen bei. Gleichzeitig lassen sich hiermit Kosten einsparen. Denn: Ist ausreichendes internes Know-how für alle in Kap. 5 beschriebenen Schritte vorhanden, lässt sich RPA ohne oder mit nur geringer externer Unterstützung implementieren und betreiben. Abb. 7.4 skizziert diesen Zusammenhang. Auf der linken Seite der Abbildung findet sich der Grad an organisationsinternem Know-how. Dieser nimmt im Zeitablauf immer weiter zu. Auf der rechten Seite der Abbildung ist die Aufgabenverteilung zwischen internen und externen Ressourcen (also RPA-Berater, RPA-Entwickler, etc.) dargestellt. Hier wandelt sich das Verhältnis im Zeitverlauf von einer externen hin zu einer immer stärkeren internen Übernahme von Aufgaben.

▶ Auch wenn es sich bei Abb. 7.4 um eine schematische Darstellung handelt: Insbesondere aus Kostengründen sollte das skizzierte Verständnis zum Zielbild einer jeden RPA-Einführung gehören.

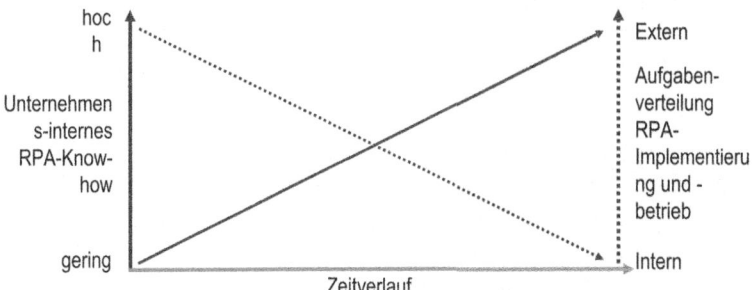

Abb. 7.4 Entstehung von RPA-Know-how und Aufgabentransfer. (Eigene Darstellung)

Neben den Know-how-Trägern sind ebenso die RPA-Promotoren (oder auch als „Sponsoren" bezeichnet) eine wichtige Komponente der organisationsinternen Akzeptanzschaffung von RPA (vgl. auch Willcocks & Lacity, 2016, S. 118–119). Als Promotoren eignen sich insbesondere Mitglieder des Top-Managements und Bereichs- sowie Abteilungsleiter. Diese besitzen den entsprechenden Einfluss, um Vorbehalte zu überwinden. Auch ein organisationsweit gut vernetzter Projektleiter eignet sich, um RPA und seine Vorteile innerhalb der Organisation zu platzieren.

7.8　Schulung der Beschäftigten im Umgang mit RPA

Neben dem Aufbau von Know-how-Trägern, benötigen sämtliche Beschäftigte, die mit RPA in Berührung kommen, entsprechende Schulungen. Die Berührungspunkte können von einer nur indirekten Betroffenheit durch den Einsatz von RPA in der eigenen Abteilung, bis hin zu einer direkten Betroffenheit durch eine regelmäßige Interaktion mit den Software-Bots reichen. Abschn. 5.11 und 6.2 haben die Möglichkeiten und Inhalte von Schulungen bereits erläutert, weshalb an dieser Stelle hierauf verwiesen wird.

7.9　Begleitendes Change-Management

Die Bedeutung eines begleitenden Change-Managements im Rahmen des RPA-Rollouts wurde bereits in Abschn. 5.11 erläutert. Hierunter fällt das Verständnis, Veränderungsprozesse bewusst zu steuern, anstatt diese ungeplant voranschreiten zu lassen (vgl. auch Hansmann et al., 2012, S. 277). Maßgeblich für den Erfolg einer RPA-Implementierung sind insbesondere das intensive Kommunizieren und Informieren sowie das frühzeitige Einbinden aller betroffenen Beschäftigten (und der schon in Abschn. 7.6 erwähnten Stakeholder).

Das Change-Management kann so als umfassendes, begleitendes Rahmenkonzept verstanden werden, das die gesamte RPA-Implementierung und auch die ersten Wochen und Monate eines anschließenden RPA-Betriebs unterstützt.

Ergebnisse der Experteninterviews
Change-Management schafft Transparenz. Diese wiederum ist nach Einschätzung der befragten Experten eines der wichtigsten Kriterien für eine nachhaltig erfolgreiche RPA-Implementierung.

Literatur

BaFin. (2019). Protokoll zur Sondersitzung des Fachgremiums MaRisk am 15.03.2018 in Bonn (BaFin) Thema: Auslagerung. https://www.bafin.de/SharedDocs/Downloads/DE/Protokoll/dl_protokoll_FG_MaRisk_180315.html. Zugegriffen am 03.05.2023.
BaFin. (2021a). Rundschreiben 10/2021 (BA) vom 16.08.2021, geändert 04.05.2022. Mindestanforderungen an das Risikomanagement – MaRisk.

BaFin. (2021b). Rundschreiben 10/2017 (BA) in der Fassung vom 16.08.2021, Bankaufsichtliche Anforderungen an die IT (BAIT). https://www.bafin.de/SharedDocs/Downloads/DE/Rundschreiben/dl_rs_1710_ba_BAIT.pdf?__blob=publicationFile&v=6. Zugegriffen am 03.05.2023.

Deloitte. (2017). Robotic Process Automation in FSI. Kundenevent – kurze Zusammenfassung. https://www.google.com/url?sa=t&rct=j&q=&esrc=s&source=web&cd=1&cad=rja&uact=8&ved=2ahUKEwjM7P315rbgAhWRHRQKHRQ7B48QFjAAegQIAhAC&url=https%3A%2F%2Fwww2.deloitte.com%2Fcontent%2Fdam%2FDeloitte%2Fde%2FDocuments%2Ffinancial-services%2F20171127_Robotics%2520Event_Transscript%2520(003).pdf&usg=AOvVaw34KtZBEjvQ4nmbWWWIp6pH. Zugegriffen am 12.02.2019.

Hansmann, H., Laske, M., & Luxem, R. (2012). Einführung der Prozesse – Prozess-Roll-out. In J. Becker, M. Kugeler, & M. Rosemann (Hrsg.), *Prozessmanagement*. Springer Gabler.

Lüth, A. (2018). RPA-Markt soll bis 2020 kräftig zulegen. https://www.bigdata-insider.de/rpa-markt-soll-bis-2020-kraeftig-zulegen-a-728203/. Zugegriffen am 20.01.2019.

Ostrowicz, S. (2018). *Next Generation Process Automation: Integrierte Prozessautomation im Zeitalter der Digitalisierung*. Ergebnisbericht Studie 2018. Horváth & Partners.

Tranker, N., Langer, L., & Fredenhagen, T. (2018). Erschweren neue Vorgaben die Einführung von RPA? *Die Bank, 07*, 44–49.

Watson, J., & Wright, D. (2017). The robots are ready. Are you? https://www.google.com/url?sa=t&rct=j&q=&esrc=s&source=web&cd=1&ved=2ahUKEwjizofA5MnfAhURY1AKHWHaBqoQFjAAegQIChAC&url=https%3A%2F%2Fwww2.deloitte.com%2Fcontent%2Fdam%2FDeloitte%2Ftr%2FDocuments%2Ftechnology%2Fdeloitte-robots-are-ready.pdf&usg=AOvVaw2luiVINhzNclPK70Ac7_zc. Zugegriffen am 31.12.2018.

Willcocks, L., & Lacity, M. (2016). *Service automation. Robots and the future of work*. Steve Brooks Publishing.

Sonderfall – RPA in Einmalsituationen 8

Zusammenfassung

Der erprobte Anwendungsbereich von RPA ist die Automatisierung repetitiver Prozesse. Doch nicht nur hier kann RPA Nutzen stiften. Auch in Einmalsituationen kann sich RPA zur Kostenreduktion, Geschwindigkeitserhöhung oder Qualitätsverbesserung eignen. Ein praktisches Beispiel hierfür ist die Datenmigration mit RPA. Eines solchen Beispiels bedient sich das vorliegende Kapitel bei der Erläuterung der Besonderheiten dieser einmaligen Anwendungsfälle.

8.1 Abgrenzung zur Automatisierung repetitiver Prozesse

Der bisherige Haupteinsatzbereich von RPA in der Finanzwirtschaft sind Prozesse, die dauerhaft und regelmäßig durchgeführt werden. Hierbei fokussieren sich Organisationen auf den langfristigen Einsatz der Bots im „Tagesgeschäft". Bislang unterschätzt ist dagegen die Anwendung von RPA als Automatisierungslösung für nur einmalig durchzuführende Aufgaben. Oftmals lohnt sich jedoch auch in einmaligen Situationen der Einsatz von RPA, z. B. bei der Verarbeitung großer Datenmengen.

Auch hierbei werden einzelne Prozesse mehrfach durchlaufen, jedoch nur in einem fixierten, meist sehr kurzen Zeitraum und zur Erreichung eines definierten Ziels. Damit besitzen solche Anwendungsfälle regelmäßig Projektcharakter. Ein zunehmend praxisrelevantes Beispiel ist die Datenmigration. Die Bedeutung einer schnellen und fehlerfreien Umsetzung steigt stark an, wenn es sich bei den zu migrierenden Inhalten um kerngeschäftsrelevante Daten oder Kundeninformationen handelt. Auch komplexe Massendatenänderungen oder einmalige Überprüfungs- und Anpassungsmaßnahmen sind Ansatzpunkte für eine Automatisierung mittels RPA.

© Springer Fachmedien Wiesbaden GmbH, ein Teil von Springer Nature 2023
M. Smeets et al., *Robotic Process Automation (RPA) in der Finanzwirtschaft*,
https://doi.org/10.1007/978-3-658-42290-5_8

8.2   Fallbeispiel: RPA als Datenmigrationswerkzeug

Ein Beispiel für eine Kombination aus Datenmigration und Überprüfungsmaßnahme ist die Übernahme von Versicherungspolicen durch einen anderen Versicherer.[1] Dabei muss die aufnehmende Versicherungsgesellschaft die teils jahrzehntealten und oft in veralteten Systemen und Formaten gespeicherten Daten innerhalb kürzester Zeit prüfen und in die eigenen Systeme überführen. Hierfür werden zunächst Datenmappingvorgaben erstellt. Im klassischen Fall bieten diese die Grundlage für die anschließende Entwicklung von Migrationsprogrammen.

Alternativ lassen sich die Mappingvorgaben als RPA-Prozess umsetzen. Hierbei kommen bei Banken und Versicherern, neben Webanwendungen, oft Großrechner-basierte (Mainframe Computer) Anwendungen für die Eingaben der Bots zum Einsatz. Diese besitzen sehr geringe Reaktionszeiten. Dies ermöglicht eine schnelle Datenerfassung durch die Bots, da nahezu keine Zeit für das Warten auf Rückmeldungen des Systems eingeplant werden muss – aufgrund des regelmäßig kurzen Zeitfensters für den Export, die Transformation und das Einspielen der Daten ist dies ein großer Vorteil. Neben einer hohen Erfassungsgeschwindigkeit ist eine ebenso hohe Erfassungsqualität Erfolgsvoraussetzung für die Migration. Deshalb ist die vereinzelt bei RPA-Umsetzungen noch verwendete und stark fehleranfällige Screen-Scraping-Technologie bei Datenmigrationen in jedem Fall zu vermeiden.

Zur Eingabe über die Benutzeroberflächen sind keinerlei maschinelle Migrationsprogramme oder Schnittstellen zu entwickeln. Dadurch ist sichergestellt, dass bei der Dateneingabe sämtliche Eingaberegeln des Zielsystems automatisch berücksichtigt werden. Denn anders als bei einer maschinellen Migration, nutzt RPA sämtliche zielsystemseitigen Prüfroutinen und Unterstützungsprozesse, die den Beschäftigten in der täglichen Anwendung zur Verfügung stehen, gewinnbringend aus. Da im Rahmen von RPA keine Programmierung im ursprünglichen Sinne erforderlich ist, sind keine Programmtests – lediglich Prozesstests – notwendig, was ebenfalls zu einer deutlich schnelleren Umsetzung als bei maschinellem Vorgehen beiträgt.

Zusätzlicher Vorteil der Datenmigration mit RPA: Der Datenexport ist nicht an ein bestimmtes Dateiformat gebunden. Die Bots können schließlich mit verschiedensten Dateiformaten umgehen. So kann jeweils das Format genutzt werden, welches für die Migration am zielführendsten oder quellsystemseitig am einfachsten anwendbar ist.

Aktuelle Umsetzungsprojekte belegen nicht nur den Erfolg von RPA als Gegenentwurf zur maschinellen Migration, sondern auch zu der bisher einzigen Alternative: der manuellen Dateneingabe durch Menschen. Manuelle Datenmigrationen können notwendige Pro-

---

[1]Vgl. hierzu auch Barenthien B, Smeets M (2018) RPA-Automatisierung bei Datenmigrationen. https://www.it-finanzmagazin.de/rpa-automatisierung-bei-datenmigration-66986/. Zugegriffen: 26. Februar 2019.

grammier- und Testtätigkeiten vermeiden und so Engpässe im IT-Bereich umgehen. Dies führt oft zu reinen Engpassverschiebungen auf den Bereich, der die erfassenden Beschäftigten bereitstellt. Alternativ sind temporäre Mitarbeiterkapazitäten kostenintensiv am Markt zu beschaffen. Die manuelle Datenmigration besitzt einen weiteren, in bisherigen Umsetzungsprojekten regelmäßig ausschlaggebenden Nachteil: Menschen machen Fehler (vgl. auch Abschn. 2.3). Es ist davon auszugehen, dass ein relevanter Teil der manuell erfassten Daten Fehler beinhaltet, die nur unter hohem Aufwand gefunden und korrigiert werden können.

RPA hingegen durchläuft die programmierten und getesteten Prozesse in gleichbleibender (fehlerfreier) Qualität. Die Kosten der RPA-Lösungen liegen dabei erfahrungsgemäß sogar unter den (Verrechnungs-)Kosten für Beschäftigte und führen so im Regelfall zu einem positiven Projekt-ROI. Lediglich das oft angeführte Argument, RPA biete eine 24/7-Datenverarbeitungsmöglichkeit, muss für Banken und Versicherer entkräftet werden. Hier verhindern Tagesendverarbeitungen oft die ununterbrochene Arbeit der Bots, wenngleich die tägliche Erfassungsdauer dennoch höher ist, als bei manuellen Migrationen.

Werden Bots langfristig für repetitive Aufgaben eingesetzt, führen diese im Tagesverlauf oft unterschiedliche Prozesse aus – je nachdem, wo gerade Daten auf ihre Verarbeitung warten. Bei Datenmigrationen bietet es sich hingegen an, einzelne Prozesse ununterbrochen und mit einer großen Anzahl parallel arbeitender Bots durchzuführen. So sind oft zunächst Kundenstammdaten zu erfassen, bevor mit der Verarbeitung von Verträgen, Umsatz- oder Steuerdaten begonnen werden kann. Anschließend kann dann mit der vollen Bot-Kapazität auf den nächsten Prozess übergegangen werden – sofern es der Migrationsfahrplan erfordert.

Eine entsprechende Steuerung ist hier unabdingbar. Diese beinhaltet nicht nur die technische Bedienung der einzelnen Bots, sondern beispielsweise auch das Aufteilen der Inputdateien auf die Bots. Ist nur eine kleine Anzahl von Bots im Einsatz, kann die Steuerung manuell erfolgen. Bei einer großen Anzahl bietet sich der Einsatz bereits erwähnter, zentraler Steuerungseinheiten an.

RPA in Einmalsituationen

Ein weiteres relevantes Beispiel für den Einsatz von RPA in Einmalsituationen ist eine mit Hilfe von Bots durchgeführte Kontenmigration. Aufgrund diverser technischer Herausforderungen war eine maschinelle Migration von Bank A zu Bank B nicht möglich. Die zunächst einzige Alternative: Die monatelange, repetitive Erfassung durch eine fast dreistellige Anzahl von Beschäftigten – keine praktikable Lösung.

Der Einsatz von RPA als Alternativlösung generierte hier eine Migrationszeitreduktion von mehreren Monaten auf weniger als eine Woche. Gleichzeitig wurde ein Qualitätsniveau von nahezu 100 % erreicht, unsystematische Fehler kamen nicht vor. Wenngleich Artefakt-Entwicklung, Test und Abnahme mehrere Monate in Anspruch nahmen, konnten zusätzlich rund 30 % Kosten gegenüber der ursprünglichen Lösungsvariante eingespart werden. ◄

Infrastrukturell kann auch bei Datenmigrationen zwischen einer Server-Client- oder Desktop-basierten Installation der Bots gewählt werden. Erfolgt die Installation auf einzelnen Arbeitsplätzen, ist zu berücksichtigen, dass für einen meist kurzen Zeitraum eine große Anzahl an Hardware zu beschaffen und lauffähig zu machen ist. Für den nur kurzzeitigen Einsatz der Bots bei einer Datenmigration ist der Kauf entsprechender Lizenzen lediglich die zweite Wahl, besser sind hier Mietmodelle. Die Möglichkeit hierzu sollte bei der Auswahl des Umsetzungs- beziehungsweise Softwarepartners berücksichtigt werden.

RPA bietet oftmals eine beachtenswerte Alternativlösung für die einmalige Verarbeitung großer Datenmengen innerhalb eines kurzen Zeitraums – bei Migrationen von Daten im Rahmen von Systemwechseln, oder auch bei Fusionen. Gegenüber einer eigenständigen Programmentwicklung überzeugt RPA durch Einfachheit und schnelle Umsetzungsfähigkeit. Gegenüber einer manuellen Verarbeitung liegt RPA – neben der höheren Prozessgeschwindigkeit – in Sachen Qualität vorne.

▶   Welches Vorgehen sich in der konkreten Projektsituation am besten eignet, sollte unter Berücksichtigung der technischen und fachlichen Rahmenbedingungen zusammen mit erfahrenen Experten geprüft werden.

Blick in die Zukunft – Die Weiterentwicklung der RPA-Technologie

9

Zusammenfassung

In diesem Kapitel wird der Blick in die nahe Zukunft gerichtet. Zunächst werden zwei mögliche Formen einer Weiterentwicklung von RPA unterschieden. Zum einen ist dies die künftige Kombination von RPA mit anderen Technologien. Zum anderen ist dies die Weiterentwicklung von RPA zu IPA, der Intelligent Process Automation – also einer Gesamtlösung anstelle einer Kombination.

9.1 Unterschiedliche Richtungen einer Weiterentwicklung

Genau wie sich die heutige RPA-Technologie aus einer anfänglich Desktop-basierten Unterstützung, die hauptsächlich in Callcentern zum Einsatz kam, entwickelt hat (wobei Letztere auch nach wie vor erfolgreich im Einsatz und keineswegs veraltet ist), ist auch von einer Weiterentwicklung der jetzigen RPA-Technologie auszugehen. Hierbei können zunächst zwei verschiedene Richtungen der Weiterentwicklung unterschieden werden:

1. Neue Kombinationen mit anderen vorhandenen oder neu entstehenden Softwarelösungen
2. Weiterentwicklung der RPA-Technologie selbst

Beide Richtungen und die hieraus entstehenden Möglichkeiten werden im Folgenden beschrieben. An dieser Stelle sei noch einmal auf die Anmerkung in Abschn. 2.1 verwiesen. Einige Lösungen, die vielfach als Weiterentwicklungen von RPA beschrieben werden, sind vielmehr parallel bestehende oder in Entwicklung befindliche Technologien, die RPA

© Springer Fachmedien Wiesbaden GmbH, ein Teil von Springer Nature 2023
M. Smeets et al., *Robotic Process Automation (RPA) in der Finanzwirtschaft*,
https://doi.org/10.1007/978-3-658-42290-5_9

ergänzen können und somit eher den Kombinationsmöglichkeiten zugeordnet werden sollten. Prominentes Beispiel hierfür sind Lösungen, die Komponenten eines maschinellen Lernens beinhalten.

9.2 Kombinationsmöglichkeiten mit anderen Softwarelösungen

In vielen Beispielen wurde bis hierhin gezeigt, dass sich RPA ideal für eine Automatisierung repetitiver und standardisierter Prozesse eignet. Wichtigste Voraussetzung hierfür: Digitale und strukturierte Daten. In vielen praktischen Anwendungsfällen der Finanzwirtschaft fehlt es an eben dieser Strukturiertheit. Das beste Beispiel hierfür ist die E-Mail, die zwar einen digitalen Inhalt besitzt, welcher aber im Regelfall unstrukturiert ist. RPA in seiner ursprünglichen Form kann hiermit nicht umgehen. Vielmehr werden Technologien benötigt, die den Inhalt in eine für RPA nutzbare Form bringen.

Einbettung von RPA in vor- und nachgelagerte Ergänzungskomponenten Eine denkbare Möglichkeit ist die Nutzung bereits in Abschn. 2.1 beschriebener digitaler Assistenten. Diese nutzen die NLP-Technologie zur Erkennung von Mustern in unstrukturierten Texten. Durch ein solches maschinelles Lernen (ML) lassen sich die Texte im Zeitablauf mit immer besserer Qualität in eine strukturierte Form bringen. Zusätzlich können noch einen weiteren Schritt vorher OCR-Komponenten eingesetzt werden, um die unstrukturierten Texte zunächst in eine maschinenlesbare Form zu bringen. Abb. 9.1 stellt solch eine „Automatisierungskette" beispielhaft dar. Der maschinell nicht-lesbare und unstrukturierte Text geht ein, wird zunächst maschinell lesbar gemacht und strukturiert und kann anschließend mittels RPA weiterverarbeitet werden.

Auch Ostrowicz (2018, S. 7–8) beschreibt ein solches Vorgehen auf dem Weg hin zu einer immer umfassenderen End-to-End-Prozessautomatisierung. Er beschreibt hier die kognitive Automatisierung als ideale Möglichkeit zur Strukturierung von Daten. Die Studienteilnehmer gehen von einem zusätzlichen Automatisierungspotenzial von mehr als 20 % durch die Kombination von RPA mit Technologien wie kognitiver Automatisierung und digitalen Assistenten aus.

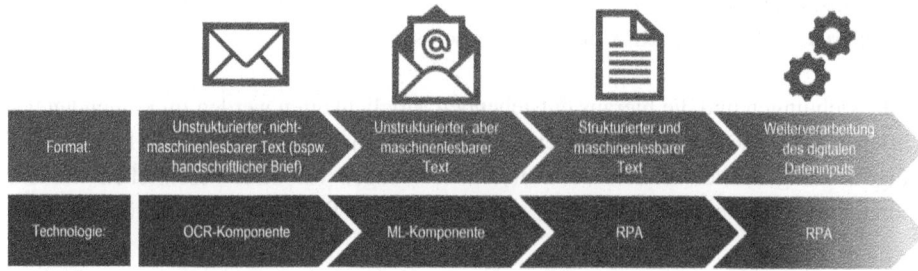

Abb. 9.1 Beispielhafte „Automatisierungskette". (Eigene Darstellung)

Ergebnisse der Experteninterviews Nach mehrheitlicher Einschätzung der befragten Experten, besitzt die Kombination von RPA mit anderen, kognitiv arbeitenden Komponenten ein deutlich größeres Potenzial, als die mögliche Weiterentwicklung von RPA selbst hin zu kognitiven RPA-Lösungen, wie sie in Abschn. 9.3 beschrieben wird.

Die hier beschriebene Kombination verschiedener Technologien wird teilweise auch selbst unter den Begriff der kognitiven Automatisierung gefasst (vgl. beispielsweise expertsystem, 2019).

RPA und Process Mining Process Mining analysiert digital stattfindende Prozesse. Hierbei nutzt es die „digitalen" Fußspuren, die jeder Prozessschritt in den beteiligten Anwendungen hinterlässt und stellt den Prozess damit nach. In der Kombination mit RPA lassen sich hieraus enorme Vorteile generieren. Process Mining selbst dient hierbei als Analysetool zur Schaffung von Transparenz, mit dem sich aber – alleinstehend – noch keine Effizienzgewinne o. ä. heben lassen. Hier kommt RPA zum Einsatz. Basierend auf den Ergebnissen des Process Minings lassen sich für eine Automatisierung geeignete Prozesse identifizieren und als RPA-Prozesse umsetzen (vgl. auch Lindner, 2019).

Process Mining liefert hierbei einen weiteren wichtigen Beitrag: Eine der Kernproblematiken bei der Auswahl zu automatisierender Prozesse liegt in der betriebswirtschaftlichen, sprich kaufmännischen Bewertung (vgl. Abschn. 5.3). Um herauszufinden, welche Kosten ein Prozess im IST-Zustand besitzt, werden oftmals die gebundenen Mitarbeiterkapazitäten beziehungsweise die Kosten hierfür herangezogen. Diese wiederum lassen sich durch die Prozessdurchlaufzeit (besser, aber schwieriger ermittelbar: Prozessbearbeitungszeit) ermitteln. Genau hier setzt Process Mining an und hilft bei der exakten Bestimmung der relevanten Zeiten.

Ergänzung von RPA durch bestehende oder neue Workflowsysteme Neben der Ergänzung und Erweiterung durch eher neuartige Technologien oder zumindest solche, die neuartige Komponenten wie beispielsweise ML enthalten, bieten auch schon lange vor RPA genutzte Technologien sinnvolle Kombinationsmöglichkeiten. So zum Beispiel die Integration von RPA in den Kontext eines ganzheitlichen BPM. BPM kann hier das ideale Rahmenwerk bieten, um einzelne Prozesse zu automatisieren. Ein solches Beispiel zeigt auch Freund (2019).

Eine weitere Möglichkeit bietet die Integration von RPA in bestehende Workflow-Management-Systeme. So ist es denkbar, dass einzelne Workflows an definierten Stellen weiterführende Prozesse starten, die dann wiederum von RPA-Bots bearbeitet werden.

Ergebnisse der Experteninterviews
Einer der befragten Experten sieht gerade in der Kombination von RPA und Workflow-Management-Systemen eine Möglichkeit, um die Weiterbearbeitung der von Bots ausgesteuerten Prozessdurchläufe zu erleichtern. Ist an einer bestimmten Stelle im Prozess eine menschlich gestützte Entscheidung erforderlich, kann das WfMS übernehmen, die Entscheidung herbeiführen und den Prozess im Anschluss wieder an den RPA-Bot zur Weiterbearbeitung zurückreichen.

9.3   Weiterentwicklung von RPA: Intelligent Automation – kognitive und selbstlernende Gesamtlösungen

Im Gegensatz zu einer Kombination mit anderen Technologien, ist mit dem Begriff Intelligent (Process) Automation – oder auch IPA – die Weiterentwicklung von RPA selbst, hin zu einer kognitiven, selbstlernenden und dabei in sich geschlossenen Lösung gemeint (vgl. auch Martens, 2018). Das vom Bundesministerium für Forschung und Bildung geförderte Forschungsprojekt „KI.RPA" beschäftigt sich mit der Entwicklung einer solchen Lösung (vgl. Scheer GmbH, 2019). Zielsetzung des Projekts ist die Erstellung einer selbstlernenden RPA-Lösung, die mittels ML anhand menschlicher Arbeitsschritte „lernt". Diese Arbeitsschritte untersucht die Software mit Hilfe der in Abschn. 9.2 erläuterten Process-Mining-Technologie, die Prozesse anhand ihrer digital nachvollziehbaren Schritte analysierbar macht.

Berruti et al. (2017) beschreiben IPA als eine Kombination von fünf verschiedenen Technologien innerhalb eines Tools:

1. **RPA**
   Die bekannte Prozessautomatisierung gemäß der hier verwendeten Definition: Eine automatisierte Be- und Verarbeitung digitaler und strukturierter Daten.
2. **„Smart Workflow"**
   Ein Workflow-Management-System, welches den Gesamtprozess von Anfang bis Ende steuert und insbesondere reibungslose Übergaben und Abläufe an Schnittstellen zwischen am Prozess beteiligten Bots und Menschen – jeweils untereinander sowie gruppenübergreifend – sicherstellt (vgl. auch Abschn. 9.2).
3. **ML-Komponenten**
   Lösungen, die unstrukturierte Daten analysieren und strukturieren.
4. **NLG-Komponenten**
   NLG ist die Abkürzung für „Natural Language Generation", also der Transfer von Daten in (Prosa-) Text. Hiermit soll ebenfalls die reibungslose und schnittstellenübergreifende Arbeit von Menschen und Maschinen sichergestellt werden. NLG ist nicht zu verwechseln mit NLP (vgl. Abschn. 2.1), der maschinellen Verarbeitung natürlicher Sprache – also der „entgegengesetzten Richtung".
5. **Kognitive Agenten**
   Kognitive Agenten verbinden als Tool-Lösung die ML- und NLG-Komponenten. Durch ihre Komponenten künstlicher Intelligenz auf der einen Seite, aber auch die Verringerung von Hürden in der maschinell-menschlichen Zusammenarbeit auf der anderen Seite, nähern sich diese einer maschinellen, vollständigen Arbeitskraft an.

Worin liegt hier nun der Unterschied zur in Abschn. 9.2 beschriebenen Kombination von RPA mit anderen Technologien? Während der dortige Fokus auf RPA als Kerntechnologie liegt, die um vor- oder nachgelagerte Technologien ergänzt wird, steht hier die („gleichwertige") Kombination verschiedener Technologien im Fokus. Dabei wird keine der fünf ergänzt, vielmehr werden alle zusammengefasst. Zusätzlich wird hier eine Lösung „aus einer Hand" beschrieben. Es handelt sich also nicht mehr um separat zu nutzende Komponenten, sondern – im Idealverständnis – um eine einzige Lösung. Die Kombination der oben beschriebenen fünf Technologien bildet IPA. Weitere mittlerweile etablierte Begriffe sind „Enterprise Automation" oder „Hyperautomation". Im Gegensatz zur herkömmlichen Automatisierung, die sich auf die Automatisierung einzelner Prozesse konzentriert, zielen die genannten Konzepte (im Folgenden Hyperautomation) darauf ab, komplexe Geschäftsprozesse end-to-end zu automatisieren und zu optimieren.

Literatur

Berruti, F., Nixon, G., Taglioni, G., & Whiteman, R. (2017). *Intelligent process automation: The engine at the core of the next-generation operating model.* https://www.mckinsey.com/business-functions/digital-mckinsey/our-insights/intelligent-process-automation-the-engine-at-the-core-of-the-next-generation-operating-model. Zugegriffen am 20.02.2019.

expertsystem. (2019). What is Cognitive Automation? https://www.expertsystem.com/what-is-cognitive-automation/. Zugegriffen am 20.02.2019.

Freund, J. (2019). Klartext: „RPA entwickelt sich immer häufiger zu einem süßen Gift" – Warum RPA die Transformation behindert. https://www.it-finanzmagazin.de/klartext-rpa-gift-transformation-85578/. Zugegriffen am 21.02.2019.

Lindner, I. (2019). Process Mining und RPA: Bremst die IT ihre Unterstützer aus? https://www.computerwoche.de/a/process-mining-und-rpa-bremst-die-it-ihre-unterstuetzer-aus,3546580. Zugegriffen am 21.02.2019.

Martens, H. (2018). So verbindet Intelligent Process Automation RPA und Machine Learning. https://www.bigdata-insider.de/so-verbindet-intelligent-process-automation-rpa-und-machine-learning-a-725612/. Zugegriffen am 20.02.2019.

Ostrowicz, S. (2018). *Next Generation Process Automation: Integrierte Prozessautomation im Zeitalter der Digitalisierung.* Ergebnisbericht Studie 2018. Horváth & Partners.

Scheer GmbH. (2019). Revolution in der Prozessoptimierung: KI.RPA erforscht KI-basierte Automation. https://www.pressebox.de/pressemitteilung/scheer-gmbh/Revolution-in-der-Prozessoptimierung-KI-RPA-erforscht-KI-basierte-Automation/boxid/941322. Zugegriffen am 19.02.2019.

Anhang

10

10.1 Erläuterung Experteninterviews

Im Rahmen der Erstellung dieses Buches wurden Interviews mit RPA-Verantwortlichen aus verschiedenen Finanzdienstleistungsunternehmen geführt. Hierunter finden sich Banken, Sparkassen, Servicedienstleister für Banken und Sparkassen sowie Wertpapierhäuser. Die Zielsetzung der Interviews war zweigeteilt. Zum einen sollten diese der Bestätigung oder Widerlegung getroffener Annahmen oder bislang in der Literatur vertretener Positionen dienen. Zum anderen sollten hiermit neue Ideen und Ansätze im Themenfeld RPA erschlossen werden. Wie bereits eingangs erläutert, verfolgen die durchgeführten Interviews in Inhalt, Struktur und Methodologie keine expliziten wissenschaftlichen Zielsetzungen. Im Folgenden sind die Fragen aufgeführt, die die Experten im Rahmen der strukturierten Interviews beantwortet haben. Sofern es sich um geschlossene Fragen handelt, wurde im Anschluss eine Begründung erfragt. In einigen Fällen, in denen beispielsweise nicht alle Fragen gestellt werden konnten oder sinnvoll waren, wurden nur einzelne Fragen aus dem aufgeführten Katalog gestellt und beantwortet.

Die Beantwortung erfolgte grundsätzlich anonym. In Abstimmung mit einigen Experten sind jedoch einzelne relevante Zitate (direkte oder indirekte) im Text nicht-anonymisiert wiedergegeben.

Aktueller und geplanter Nutzungsumfang von RPA in Ihrem Unternehmen
Ist in Ihrem Unternehmen ein aktives Prozessmanagement etabliert?
Ihr Unternehmen nutzt RPA ...
In welchen Lebenszyklus ordnen Sie die RPA-Nutzung Ihres Unternehmens ein?
Seit wann nutzen Sie RPA?
Wie viele Prozesse hat Ihr Unternehmen bereits automatisiert?
Auf welcher Art von Prozessen liegt hierbei Ihr bisheriger Automatisierungsschwerpunkt?

(Fortsetzung)

© Springer Fachmedien Wiesbaden GmbH, ein Teil von Springer Nature 2023
M. Smeets et al., *Robotic Process Automation (RPA) in der Finanzwirtschaft*,
https://doi.org/10.1007/978-3-658-42290-5_10

Wie viele Prozesse plant Ihr Unternehmen in den kommenden 12 Monaten zu automatisieren?
Wie hoch ist die durchschnittliche Implementierungsdauer von RPA (für einen Prozess) in Ihrem Unternehmen?
In welchen Unternehmensbereichen liegen die derzeitigen Automatisierungsschwerpunkte?
In welchen Unternehmensbereichen liegen aus Ihrer Sicht die künftigen Automatisierungsschwerpunkte?
Welche RPA-Softwarelösungen setzen Sie in Ihrem Unternehmen ein?

Vorgehen bei der Implementierung von RPA in Ihrem Unternehmen

Wurde eine externe Unterstützung bei der Erstimplementierung genutzt?
Wurde eine externe Unterstützung bei Folgeimplementierungen genutzt oder ist diese geplant?
Planen Sie auch für künftige RPA-Implementierungen externe Unterstützung ein?
Erfolgte die Erstimplementierung durch ein Projekt oder aus Linie heraus?
Erfolgen die Folgeimplementierungen durch ein Projekt oder aus Linie heraus?
Implementieren Sie neue Bots in Releaseform (beispielsweise 2 × p.a.) oder sukzessive nach Fertigstellung?
Durch welche „Rahmenmaßnahmen" begleiten Sie die (technische) RPA-Einführung?

Kennzahlen/Hintergründe zu RPA in Ihrem Unternehmen

Ihre Hauptmotivation für den RPA-Einsatz: Kostenreduktion, Zeitreduktion oder Qualitätsverbesserung?
Wie hoch schätzen Sie die durchschnittlich erzielbaren Kosteneinsparungen durch RPA je Prozess in % (bezogen auf Prozess-Ist-Kosten)?
Welche weiteren Nutzenpotenziale bietet RPA aus Ihrer Sicht?
Welche Prozesse sind aus Ihrer Sicht für eine Automatisierung am geeignetsten?
Mit wie vielen RPA-Anbietern hatten Sie bereits Kontakt?

RPA-Governance

Welche Rahmenbedingungen/Voraussetzungen sind aus Ihrer Sicht für eine Einführung von RPA notwendig?
Welche Stakeholder sind aus Ihrer Sicht bei einer RPA-Einführung einzubinden?
Wird RPA in Ihrem Haus eher durch die Fachbereiche oder den IT-Bereich „getrieben"?
In welchem/r Bereich/OE sollte die Verantwortung für RPA-Entwicklung, -Betrieb und -Steuerung aus Ihrer Sicht liegen?
Wie hoch ist der Grad der Formalisierung von RPA bei Ihnen (sind Konzepte vorhanden, etc.)?

RPA-Erfolgsfaktoren und Ausblick

Was sind die aus Ihrer Sicht relevantesten Erfolgsfaktoren für eine RPA-Einführung?
Würden Sie auch intelligente (selbstlernende) Automatisierungslösungen einsetzen?

The manufacturer's authorised representative in the EU is Springer
Nature Customer Service Centre GmbH, Europaplatz 3, 69115 Heidelberg,
Germany. If you have any concerns regarding our products, please
contact ProductSafety@springernature.com

Printed and bound by CPI Group (UK) Ltd, Croydon, CR0 4YY

24/04/2026

02096365-0019